数学のかんどころ 9

不等式

大関清太 著

共立出版

編集委員会

飯高　　茂　　（学習院大学）
中村　　滋　　（東京海洋大学名誉教授）
岡部　恒治　　（埼玉大学）
桑田　孝泰　　（東海大学）

本文イラスト
飯高　　順

「数学のかんどころ」
刊行にあたって

　数学は過去，現在，未来にわたって不変の真理を扱うものであるから，誰でも容易に理解できてよいはずだが，実際には数学の本を読んで細部まで理解することは至難の業である．線形代数の入門書として数学の基本を扱う場合でも著者の個性が色濃くでるし，読者はさまざまな学習経験をもち，学習目的もそれぞれ違うので，自分にあった数学書を見出すことは難しい．山は1つでも登山道はいろいろあるが，登山者にとって自分に適した道を見つけることは簡単でないのと同じである．失敗をくり返した結果，最適の道を見つけ登頂に成功すればよいが，無理した結果諦めることもあるであろう．

　数学の本は通読すら難しいことがあるが，そのかわり最後まで読み通し深く理解したときの感動は非常に深い．鋭い喜びで全身が包まれるような幸福感にひたれるであろう．

　本シリーズの著者はみな数学者として生き，また数学を教えてきた．その結果えられた数学理解の要点（極意と言ってもよい）を伝えるように努めて書いているので読者は数学のかんどころをつかむことができるであろう．

　本シリーズは，共立出版から昭和50年代に刊行された，数学ワンポイント双書の21世紀版を意図して企画された．ワンポイント双書の精神を継承し，ページ数を抑え，テーマをしぼり，手軽に読める本になるように留意した．分厚い専門のテキストを辛抱強く読み通すことも意味があるが，薄く，安価な本を気軽に手に取り通読して自分の心にふれる個所を見つけるような読み方も現代的で悪くない．それによって数学を学ぶコツが分かればこれは大きい収穫で一生の財産と言

えるであろう．

　「これさえ摑めば数学は少しも怖くない，そう信じて進むといいですよ」と読者ひとりびとりを励ましたいと切に思う次第である．

編集委員会と著者一同を代表して

飯高　茂

序文

　不等式の問題は入試問題で毎年必ずどこかの大学で出題されている．また最近日本の高校生も参加している国際数学オリンピックでは代数的・幾何学的不等式が出されている．高校の教科書では「式と証明」で不等式が登場して「導関数の応用」や「微分の応用」でグラフを書くときに増減表を作成して不等式に出会う．

　また大学の授業でも証明の中で色々な不等式が出てくるが単独で扱うことは滅多にない．逆に言えば不等式とはそれぞれの場面で独自な方法で研究されてきた．この本ではその中でもいくつかの基本的な不等式について相互関係や色々な証明方法を取り上げる．いろいろなタイプの不等式を例題や問いを通して親しんでほしい．いくつかの定理には証明が付いていないものがあるが，これらは新しい結果や定理・問・例題を一般化した重要なものであり，証明が難しいので省いた．簡単な不等式でもいろいろな証明法があり，くどい証明もあるが，勉強をしているうちに簡潔な見通しのよい新しい証明が見つかるかもしれない．不思議なタイプの不等式をみていると思わず集めたくなってくる．物を収集していると段々溢れかえって置き場所に困る．しかし，不等式を集めても置き場所に困ることはないし，それらの相互関係も興味をひくと思う．

　最後に，本書を執筆する機会を与えていただいた中村　滋先生

（東京海洋大学名誉教授）に心から感謝いたします．また，本書の出版に際していろいろお世話をいただいた共立出版の野口訓子さんにお礼を申し上げます．

2012 年 1 月

大関　清太

目　次

第1章　不等式の基本的性質　　1
　1.1　不等式による評価　　2
　1.2　不等式の簡単な性質　　5
　1.3　対称性と同次性　　8
　1.4　1次関数の不等式　　13
　1.5　2次関数の不等式　　15

第2章　初等的な不等式　　41
　2.1　算術・幾何平均の不等式　　42
　2.2　微分の応用　　51

第3章　凸数列・凸関数　　59
　3.1　凸数列　　60
　3.2　凸関数　　65

第4章　三角形に関する不等式　　73
　4.1　辺に関する簡単な不等式　　74
　4.2　レムスの不等式と一般化　　78
　4.3　エルデスの不等式　　85

第5章　三角，指数，対数関数に関する不等式 …………　**97**

5.1　三角関数　98

5.2　指数関数　105

5.3　対数関数　106

第6章　n 個の元に対する不等式 …………………………　**113**

6.1　算術平均と幾何平均に関する不等式　114

6.2　コーシー・シュワルツの不等式　124

第7章　巡回型不等式 ……………………………………　**133**

7.1　色々な巡回型不等式　134

7.2　シャピロの不等式　138

第8章　マシューの不等式 ………………………………　**145**

8.1　ヤングの不等式　146

8.2　マシューの不等式　148

8.3　近似多項式　154

8.4　数列から積分へ　162

参考文献　169

問題の解答　171

索　引　185

第 1 章

不等式の基本的性質

　不等式の基本的性質を使って 1 次関数，2 次関数の不等式を考える．いくつかの不等式は n 次関数に拡張される．方程式の解の評価は昔から重要な問題である．近似値ではなく不等式で評価する先人の努力を紹介した．対称性と同次性の概念はそれだけで色々な情報が含まれているので，多くの手段を持たなくても証明できることを具体的な例を通して習得する．実数で成り立つ不等式を複素数に拡張することを考える．

1.1 不等式による評価

最初に簡単な例で不等式の威力を確かめる．$1 + 2 + \cdots + n$ を $A(n)$ とおくと，$A(n)$ は n だけを使って表せる．求め方は色々あるがガウスのアイディアが小学生にも理解できる．$1, 2, \cdots, n$ の並べ方を逆にして加えても和は $A(n)$ である．

$$A(n) = n + (n-1) + \cdots + 2 + 1,$$

これらを加えると

$$2A(n) = (n+1) + (n+1) + \cdots + (n+1) = n(n+1)$$

したがって

$$A(n) = \frac{n(n+1)}{2}$$

である．では

$$S(n) = 1 + \frac{1}{\sqrt{2}} + \frac{1}{\sqrt{3}} + \cdots + \frac{1}{\sqrt{n}}$$

はどうだろうか．$S(1) = 1$ だが，$n \geq 2$ だと平方根の処理が難しそうだ．$S(n)$ の正確な表示の代わりに $S(n)$ がどの範囲にあるのを考える．これが不等式の登場してくる理由である．

すぐに分かることは $\frac{1}{\sqrt{k}} < 1$ より $S(n) < n$，また $\frac{1}{\sqrt{k}} > \frac{1}{\sqrt{n}}$ より $S(n) > n \cdot \frac{1}{\sqrt{n}}$．したがって

$$\sqrt{n} < S(n) < n.$$

具体的な数値でみると

$$1.4142\cdots < S(2) = 1.7071\cdots < 2,$$
$$1.7320\cdots < S(3) = 2.2844\cdots < 3$$

とかなり粗い.

次に高校で習った積分を思い出し $y = \dfrac{1}{\sqrt{x}}$ のグラフから
$$\frac{1}{\sqrt{k+1}} < \int_k^{k+1} \frac{1}{\sqrt{x}} dx < \frac{1}{\sqrt{k}},$$
これより
$$\frac{1}{\sqrt{k+1}} < 2(\sqrt{k+1} - \sqrt{k}) < \frac{1}{\sqrt{k}}.$$
ここで $k = 1, 2, \cdots, n$ までの和をとると
$$2\sqrt{n+1} - 2 < S(n) < 2\sqrt{n} - 1.$$
同じように $n = 2, 3$ に対して
$$1.4641\cdots < S(2) < 1.8284\cdots$$
$$2 < S(3) < 2.4641\cdots.$$
が得られる.さらに少し下準備をする.
$$\frac{1}{\sqrt{k}} < \sqrt{k+1} - \sqrt{k-1}, \ k \geq 2$$
は簡単に証明できる.ここで再び $k = 2, \cdots, n$ の和をとれば右辺の評価が良くなる.
$$S(n) < \sqrt{n+1} + \sqrt{n} - \sqrt{2}$$
が得られる.
$$S(2) < 1.7320\cdots,$$
$$S(3) < 2.3178\cdots.$$

これらの評価は段々よくなってきている．

不等号は厳密な値が得られ等号になればよいが，一般的には非常に難しい．そこで評価する問題が重要になってくる．大まかな評価よりもできるだけ詳しい不等式が必要である．

数学で扱う数は色々あるが，我々がここで扱うものは実数と複素数だけである．

ゼロでないすべての実数 **R** は正かまたは負のいずれかである．

不等号の歴史 〜〜〜〜〜〜〜〜〜〜〜〜〜〜〜〜〜〜〜〜〜 コラム 〜

1641 年にロンドンで出版されたイギリスのハリオットの本に現在の記号（<, >）が登場，当時多く使われていたのはオートレッドの記号で（図 1-1），非常に分かりにくかった．同じような記号でバーローの記号（図 1-2）もあり，さらに誤植があると何がなんだか分からない．不等号はどちらが大きいのかを示す記号であるから，混乱を起こす記号では数学の発展そのものを遅らせてしまう．効率よく誰もが使いやすい記号や言葉を定義することが非常に重要である．

不等号と等号が一緒に入った現在の記号は 1734 年に書かれたフランスのボーガーの本に最初に登場する．昔は不等号の記号の下に 2 本線（等号の 2 本線）が入っていた（$a \geqq b$）．最近は（$a \geq b$）のように 1 本も多く使われている．

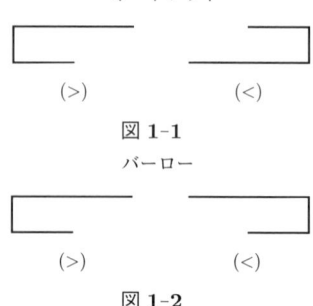

オートレッド

(>)　　　(<)

図 1-1

バーロー

(>)　　　(<)

図 1-2

すなわち実数は三つの集合：正の実数全体 ($\mathbf{R}^+$), 負の実数全体 ($\mathbf{R}^-$) と $\{0\}$ から成る．

1.2 不等式の簡単な性質

定義 1.1

$(a-b) \in \mathbf{R}^+$ のとき $a > b$ と書き，a は b より大きいという．$(a-b) \in \mathbf{R}^-$ ならば $a < b$ と書き，a は b より小さいという．

$(a-b) \in \mathbf{R}^+$ または $a = b$ のとき $a \geq b$ と書き，a は b より大きいかまたは等しいという．

定理 1.2　推移律

$a > b$ で $b > c$ ならば $a > c$．

[証明]　$a > b, b > c$ は $(a-b) \in \mathbf{R}^+$ と $(b-c) \in \mathbf{R}^+$ より

$$\mathbf{R}^+ \ni (a-b) + (b-c) = a-c,$$

よって $a > c$． □

同じような方法で以下の定理も証明できる．

定理 1.3

$a > b$ なら任意の c に対して $a + c > b + c$．

定理 1.4

$a > b$ で $c > d$ なら $a + c > b + d$．

定理 1.5

$a > b$ で $c > 0$ ならば $ac > bc$ で，$c < 0$ ならば $ac < bc$．

定理 1.6

$a > b$ で $c > d$ ならば $a - d > b - c$．

問 1.7

すべての i に対して $a_i \geq b_i > 0$ ならば $a_1 a_2 \cdots a_n \geq b_1 b_2 \cdots b_n$ が成り立つことを示せ．等号は $a_i = b_i$ のときに限る．

定理 1.8

$a > b > 0$ ならば $m \geq 2$ なる整数に対して $a^m > b^m$ と $\sqrt[m]{a} > \sqrt[m]{b}$ が成り立つ．

[証明] $a > b$ から，問 1.7 を m 回使えば $a^m > b^m$ が成り立つ．次に $\sqrt[m]{a} \leq \sqrt[m]{b}$ と仮定する．いま示したことより $(\sqrt[m]{a})^m \leq (\sqrt[m]{b})^m$ すなわち $a \leq b$ となり矛盾．したがって $\sqrt[m]{a} > \sqrt[m]{b}$． □

問 1.9

$a > b > 0$ ならば有理数 $r > 0$ に対して $a^r > b^r$ で，有理数 $r < 0$ に対しては $a^r < b^r$ が成り立つことを示せ．

定理 1.10

$a > b$ で $0 < c < 1 < d$ ならば $c^a < c^b$ と $d^a > d^b$ が成り立つ．

[証明] $a - b > 0$ だから，$c^{a-b} < 1^{a-b} < d^{a-b}$．ここで $c^{a-b} < 1$ の両辺に c^b をかけ，また $1 < d^{a-b}$ の両辺に d^b をかけると，$c^a < c^b$ と $d^a > d^b$ が得られる． □

例題 1.11

自然数 $a, b, c, d > 0$ に対して

$$\frac{a}{b} < \frac{c}{d}$$

の間に入る有理数をできるだけたくさん見つけよ．

[解答] すぐに分かることは二つの有理数の半分の有理数は間にいる，すなわち

$$\frac{a}{b} < \frac{\frac{a}{b}+\frac{c}{d}}{2} < \frac{c}{d}.$$

これを繰り返せば分母が 2 のものがいくらでもできる．もう少し別の有理数を得るには問題の不等式を書き換え，$ad < bc$ とする．両辺に ab を加えても不等式は成り立つ．すなわち $a(b+d) < b(a+c)$，同様に cd を加えると $d(a+c) < c(b+d)$．

この簡単な 2 つの不等式から

$$\frac{a}{b} < \frac{a+c}{b+d} < \frac{c}{d}$$

が得られる．すなわち任意の異なる有理数に対して簡単な構成方法で二つの有理数の間に必ず有理数が存在する．さらにこれを繰り返せば

$$\frac{a}{b} < \frac{ai+cj}{bi+dj} < \frac{c}{d}, \quad (i, j \geq 1).$$

が得られる．この性質を有理数の稠密性といい，有理数を整数の集合と区別している著しい性質である．

1.3 対称性と同次性

いくつかの未知数を入れ換えても同じ不等式が得られるときに入れ換えた変数に関して対称という．

実数 a, b, c に対して次の不等式を考える．

$$a + b + c > abc \tag{1.1}$$

$$a + 2b + c > \frac{ac}{b} \tag{1.2}$$

（1.1）は a, b, c に関して対称，（1.2）は a, c に関して対称である．これだけから（1.1）では $a \geq b \geq c$ と仮定してもよいことに気がつく．また，（1.2）では b と a, c の大小関係は分からないが $a \geq c$ を仮定してよいことは分かる．

例題 1.12

正の実数 a, b, c に対して次の不等式が成り立つことを示せ．

$$(a + b + c)^2 < 9(a^2 + b^2 + c^2).$$

[解答] 不等式は a, b, c に関して対称だから $a \geq b \geq c > 0$ と仮定しても一般性を失わない．

すると $a + b + c \leq a + a + a = 3a$，よって

$$(a + b + c)^2 \leq (3a)^2 = 9a^2 < 9(a^2 + b^2 + c^2).$$

もちろん直接示すこともできる．

$$9(a^2 + b^2 + c^2) - (a+b+c)^2$$
$$= 8a^2 + 8b^2 + 8c^2 - 2ab - 2bc - 2ca$$
$$= 6a^2 + 6b^2 + 6c^2 + (a-b)^2 + (b-c)^2 + (c-a)^2 > 0.$$

二つの証明でそれぞれ $9b^2 + 9c^2$ と $6a^2 + 6b^2 + 6c^2$ の項が大きすぎることに気がつけば右辺の 9 をもう少し小さくすることが考えられる．

実際，次の問 1.13 の不等式が成り立つ．

問 1.13

正の実数 a, b, c に対して不等式 $(a+b+c)^2 \leq 3(a^2 + b^2 + c^2)$ が成り立つことを示せ．

等号は $a = b = c$ のときに限る．

例題 1.14

a, b, c が正の実数ならば，次の不等式が成り立つことを示せ．

$$\Gamma_1 : a(a-b)(a-c) + b(b-c)(b-a) + c(c-a)(c-b) \geq 0,$$

等号は $a = b = c$ のときに限る．

[解答] a, b, c に関して対称だから $c \geq b \geq a > 0$ としても一般性を失わない．

$$\Gamma_1 = a(b-a)(c-a) + (c-b)\{c(c-a) - b(b-a)\}$$
$$\geq a(b-a)(c-a) + (c-b)^2(b-a) \geq 0.$$

二つの項は 0 より大きいから，それぞれ 0 になる場合に等号が成立する．すなわち $a = b = c$.

これは次の不等式の $\lambda = 1$ の場合である．

定理 1.15　シューアの不等式

a, b, c が正の実数で λ が実数ならば

$$\Gamma_\lambda : a^\lambda(a-b)(a-c) + b^\lambda(b-c)(b-a) + c^\lambda(c-a)(c-b)$$
$$\geq 0,$$

等号は $a = b = c$ のときに限る.

[証明]　まず a, b, c のうち等しいものがあれば，たとえば $a = b$ ならば $\Gamma_\lambda = c^\lambda(c-a)^2$ で明らかである．また等号は $a = b = c$ に限る．したがって $a > b > c$ と仮定しても一般性を失わない．

$\lambda \geq 0$ と $\lambda < 0$ に分けて Γ_λ を変形する．

$\lambda \geq 0$ のとき：

$$\Gamma_\lambda = (a-b)\{a^\lambda(a-c) - b^\lambda(b-c)\} + c^\lambda(a-c)(b-c)$$
$$> (a-b)(a^\lambda - b^\lambda)(b-c) + c^\lambda(a-c)(b-c) > 0.$$

$\lambda < 0$ のとき：

$$\Gamma_\lambda = a^\lambda(a-b)(a-c) + (b-c)\{-b^\lambda(a-b) + c^\lambda(a-c)\}$$
$$> a^\lambda(a-b)(a-c) + (b-c)(-b^\lambda + c^\lambda)(a-c) > 0.$$

□

次はシューアの不等式に似ているものを紹介する．

定理 1.16

a_i は実数の定数,

$$\Sigma_3 : a_1(x_1 - x_2)(x_1 - x_3) + a_2(x_2 - x_3)(x_2 - x_1)$$
$$+ a_3(x_3 - x_1)(x_3 - x_2) \tag{1.3}$$

とおく．このとき $x_1 \geq x_2 \geq x_3$ を満たす任意の実数 x_i に対

して $\Sigma_3 \geq 0$ となる必要十分条件は以下の式で表される.

$$a_1 \geq 0, \quad a_2 \leq (\sqrt{a_1} + \sqrt{a_3})^2, \quad a_3 \geq 0.$$

[証明] まず十分条件を示す.

不等式の証明ではしばしば巧妙な変形をして平方の和の形にする.

$$\Sigma_3 = \left\{\sqrt{a_1}(x_1 - x_2) - \sqrt{a_3}(x_2 - x_3)\right\}^2$$
$$+ \left\{(\sqrt{a_1} + \sqrt{a_3})^2 - a_2\right\}(x_1 - x_2)(x_2 - x_3).$$

したがって条件の下で $\Sigma_3 \geq 0$.

次は必要条件を示す.

$x_1 > x_2 = x_3$ または $x_1 = x_2 > x_3$ を (1.3) に代入すると $a_1 \geq 0, \ a_3 \geq 0$ が得られる.

また $x_1 - x_2 : x_2 - x_3 = \sqrt{a_3} : \sqrt{a_1}$ とおく. すなわち $x_1 - x_2 = \sqrt{a_3}t, x_2 - x_3 = \sqrt{a_1}t$ より $x_1 - x_3 = (\sqrt{a_1} + \sqrt{a_3})t$.

これらを (1.3) に代入すると

$$\Sigma_3 = a_1\sqrt{a_3}(\sqrt{a_1} + \sqrt{a_3})t^2 - a_2\sqrt{a_1}\sqrt{a_3}t^2$$
$$+ a_3\sqrt{a_1}(\sqrt{a_1} + \sqrt{a_3})t^2.$$

これより

$$a_1\sqrt{a_1 a_3} + a_1 a_3 - a_2\sqrt{a_1 a_3} + a_1 a_3 + a_3\sqrt{a_1 a_3} \geq 0$$

これを整理すると残りの条件

$$a_2 \leq (\sqrt{a_1} + \sqrt{a_3})^2$$

が得られる. □

定理 1.16 は変数が 3 個だが，一般の場合にも必要十分条件は得られている．

定理 1.17　Oppenheim と Davies

a_i は実数の定数で $n \geq 4$ に対して

$$\Sigma_n : \sum_{i=1}^{n} a_i(x_i - x_1)\cdots(x_i - x_{i-1})(x_i - x_{i+1})\cdots(x_i - x_n)$$

とおく．このとき $x_1 \geq \cdots \geq x_n$ を満たす任意の実数 x_i に対して $\Sigma_n \geq 0$ となる必要十分条件は以下の式で表される．

$$a_2 \leq a_1, \quad (-1)^n(a_{n-1} - a_n) \geq 0, \quad (-1)^{k+1}a_k \geq 0.$$

ここで，$1 \leq k \leq n, k \neq 2, n-1$．

変数 a などを ta と変換しても不等式が本質的に変わらないときに同次的な不等式という．対称な不等式 (1.1), (1.2) の例で $a = ta', b = tb', c = tc'$ と変換すると

$$t(a' + b' + c') > t^3(a'b'c') \tag{1.4}$$

$$t(a' + 2b' + c') > \frac{t^2 a'c'}{tb'} = \frac{ta'c'}{b'} \tag{1.5}$$

となり，(1.1) は同次ではないが (1.2) は同次的な不等式である．

例題 1.18

$0 < r < s$ で a, b が正の実数ならば

$$(a^s + b^s)^{\frac{1}{s}} < (a^r + b^r)^{\frac{1}{r}}$$

が成り立つ．

[解答] この不等式は a,b に関して同次だから

$$a^r + b^r = 1$$

と仮定しても一般性を失わない．したがって a^r に関しては $a^r < 1$．
また $\dfrac{s}{r} > 1$ から $a^s = (a^r)^{\frac{s}{r}} < a^r$，同様に $b^s < b^r$．よって $a^s + b^s < a^r + b^r = 1$，すなわち $(a^s + b^s)^{\frac{1}{s}} < 1$．

1.4　1次関数の不等式

$ax - b \geq 0, a \neq 0$ を満たす x の範囲を求める問題は a の正負によって不等号の向きが変わる．$a > 0$ ならば $x \geq \dfrac{b}{a}$ で $a < 0$ ならば $x \leq \dfrac{b}{a}$．同じ問題でも x の範囲が制限されていると，色々な場合が生ずる．

例題 1.19

x が区間 $[2,5]$ に属するとき，$2x - 6 > 0$ を解け．

[解答]　不等式から $x > 3$ が得られ，x の範囲 $2 \leq x \leq 5$ とを合わせて $3 < x \leq 5$ となる．

例題 1.20

x が区間 $[0,2]$ に属するとき，$2x - 6 > 0$ を解け．

[解答]　不等式から $x > 3$ が得られ，x の範囲 $0 \leq x \leq 2$ とを合わせて共通な範囲がないから解は存在しない．

定義 1.21

実数 a に対して絶対値を定義する.

$$|a| = \begin{cases} a, & a \geq 0 \text{ のとき} \\ -a, & a < 0 \text{ のとき.} \end{cases}$$

$a > 0$ に対して $|x| \leq a$ は $-a \leq x \leq a$ のことで, $|x| \geq a$ は $x \geq a$ または $x \leq -a$ のことである.

例題 1.22

次の不等式を解け.

$$|x+2| \leq 3.$$

[解答] 解答 1. $x = -2$ で絶対値が外れる.

$x \geq -2$ の場合: $x + 2 \leq 3$

これより $x \leq 1$. 条件の $x \geq -2$ とあわせて $-2 \leq x \leq 1$.

$x < -2$ の場合: $-x - 2 \leq 3$

これから $x \geq -5$. よって条件とあわせて $-5 \leq x < -2$. 二つの場合を一緒にすれば $-5 \leq x \leq 1$.

解答 2. 定義より, $-3 \leq x + 2 \leq 3$, したがって, $-5 \leq x \leq 1$.

問 1.23

不等式 $|x-2| - |3x+4| \leq 2$ を解け.

例題 1.24

$f(x) = ax + b$ は区間 $[-1, 1]$ で定義されている. このとき

$a \leq \max|f(x)|$ が成り立つことを示せ.

[解答]
$|f(1)| = |a+b| \leq \max|f(x)|, \quad |f(-1)| = |-a+b| \leq \max|f(x)|.$
一方,
$$a + b = f(1), \quad -a + b = f(-1).$$
これから a を求めると
$$a = \frac{f(1) - f(-1)}{2}.$$
したがって
$$|a| = \left|\frac{f(1) - f(-1)}{2}\right| \leq \frac{1}{2}(|f(1)| + |f(-1)|) \leq \max|f(x)|.$$

1.5　2次関数の不等式

もっとも簡単な2次関数の不等式は2次の項だけで次の定理が成り立つ.

定理 1.25

x が実数のとき $x^2 \geq 0$ である. ただし等号は $x = 0$ のときに限る.

応用として, $L \geq R$ の証明で不等式を
$$L - R = a_1 Q_1^2 + a_2 Q_2^2 + \cdots + a_n Q_n^2$$

で $a_1, a_2, \cdots, a_n \geq 0$ と変形できれば $L \geq R$ が示されたことになる．

また，$L \geq R$ で $R > 0$ が条件として付け加えられるなら，両辺を R で割った $\dfrac{L}{R} \geq 1$ を証明してもよい．

例題 1.26

$a, b \geq 0$ に対して以下の不等式が成り立つことを示せ．

$$a^2 + b^2 \geq ab \tag{1.6}$$

等号は $a = b = 0$ のときに限る．

[解答] 解答 1. 直接差をとって平方の和にする．

$$a^2 + b^2 - ab = \left(a - \frac{b}{2}\right)^2 + \frac{3}{4}b^2 \geq 0.$$

解答 2. このような簡単な不等式でも少し別な恒等式を利用できる．$a^2 + b^2 - ab$ の代わりに $2a^2 + 2b^2 - 2ab$ を考える．

$$2a^2 + 2b^2 - 2ab = a^2 + b^2 + (a-b)^2 \geq 0.$$

解答 3. 今度は差でなく比を取ってみる．ただし，$ab = 0$ の場合は明らかなので $ab \neq 0$ の場合を考える．両辺を ab で割れば $\dfrac{a}{b} + \dfrac{b}{a} \geq 1$．$a$ と b は対称なので $a \geq b$ としても一般性を失わない．すると $\dfrac{a}{b} \geq 1$ だから全体としても

$$\frac{a}{b} + \frac{b}{a} > 1$$

が示された．

2 次関数は高校で習い，いろいろな条件の下で最大値，最小値，極大値，極小値を求める問題は基本的である．

$$f(x) = ax^2 + bx + c, \quad (a, b, c \in \mathbf{R}, a \neq 0) \qquad (1.7)$$

まず完全平方の形に変形する

$$f(x) = a\left(x + \frac{b}{2a}\right)^2 - \frac{D}{4a}, \quad D = b^2 - 4ac. \qquad (1.8)$$

定理 1.27

$a > 0$ ならば以下の性質がいえる．

(i) $x \neq -\dfrac{b}{2a}$ ならば，任意の x に対して $f(x) > f\left(-\dfrac{b}{2a}\right)$．

(ii) 任意の x に対して $f(x) > 0$ ならば $D < 0$ で逆も真である．

(iii) $D = 0$ ならば任意の x に対して $f(x) \geq 0$．

(iv) もし $D > 0$ ならば $f(x) = 0$ は二つの異なる実数の解を持つ．仮に $\alpha_1 > \alpha_2$ とする．$x < \alpha_2$ または $x > \alpha_1$ ならば $f(x) > 0$，また $\alpha_2 < x < \alpha_1$ ならば $f(x) < 0$．

問 1.28

(i) から (iv) を証明せよ．また $a < 0$ に対しても検討せよ．

例題 1.29

不等式 $2x^2 - 3x - 2 \leq 0$ を解け．

[解答] 左辺を因数分解して $2x^2 - 3x - 2 = (x - 2)(2x + 1) \leq 0$．よって，$-\dfrac{1}{2} \leq x \leq 2$ である．

例題 1.30

x_i は与えられた実数で，このとき S を最小にするような x を求めよ．

$$S = (x-x_1)^2 + \cdots + (x-x_n)^2.$$

[解答] $S = nx^2 - 2(x_1 + \cdots + x_n)x + x_1^2 + \cdots + x_n^2$ で x に関する2次関数なので完全平方にすればよい．

$$S = n\left(x - \frac{x_1 + \cdots + x_n}{n}\right)^2 - \frac{(x_1 + \cdots + x_n)^2}{n} + x_1^2 + \cdots + x_n^2.$$

したがって $x = \dfrac{x_1 + \cdots + x_n}{n}$ （$x_1, \cdots, x_n$ の算術平均）のとき最小である．

例題 1.31

x_i は与えられた実数で，その中で x_1 は最小で x_n は最大とする．もし $x_1 + x_2 + \cdots + x_n = 0$ ならば

$$x_1^2 + x_2^2 + \cdots + x_n^2 + nx_1 x_n \leq 0$$

となることを示せ．

[解答] $f(x) = x^2 - (x_1 + x_n)x + x_1 x_n = (x-x_1)(x-x_n)$ だから，もし $x_1 < x < x_n$ ならば $f(x) < 0$ である．x に $x_1, \cdots, x_n$ を代入して加える．

$$0 \geq \sum_{k=1}^n f(x_k) = \sum_{k=1}^n x_k^2 - (x_1 + x_n)\sum_{k=1}^n x_k + \sum_{k=1}^n x_1 x_n$$
$$= \sum_{k=1}^n x_k^2 + nx_1 x_n.$$

例題 1.32

任意の実数 x に対して次の不等式が成り立つような p を求

めよ．
$$-2 < \frac{x^2+2px-2}{x^2-2x+2} < 2.$$

[解答] 分母は $x^2-2x+2 = (x-1)^2+1 > 0$ だから問題の不等式は次の二つの不等式と同値である．
$$x^2+2px-2 < 2(x^2-2x+2),$$
$$x^2+2px-2 > -2(x^2-2x+2)$$

すなわち
$$x^2-2(p+2)x+6 > 0 \qquad (1.9)$$
$$3x^2+2(p-2)x+2 > 0 \qquad (1.10)$$

(1.9), (1.10) より判別式をとる．$|p+2| < \sqrt{6}$, $|p-2| < \sqrt{6}$. これより共通の部分は $2-\sqrt{6} < p < -2+\sqrt{6}$.

問 1.33

任意の実数 x, a に対して以下の不等式が成り立つことを証明せよ．
$$\frac{1}{3}(4-\sqrt{7}) < \frac{x^2+x\sin a+1}{x^2+x\cos a+1} < \frac{1}{3}(4+\sqrt{7}). \qquad (1.11)$$

例題 1.34

2次方程式 $ax^2+bx+c = 0$ (a, b, c は正数) において実数の解 α の絶対値は次の不等式で押さえられる．
$$\frac{c}{b} < |\alpha| < \frac{b}{a}.$$

[解答] $a > 0, b > 0, c > 0$ より2次方程式の二つの実数の解はと

もに負である．解と係数との関係から

$$\alpha + \beta = -\frac{b}{a}, \quad \alpha\beta = \frac{c}{a}.$$

$\alpha < 0,\ \beta < 0$ から

$$|\alpha| + |\beta| = |\alpha + \beta| = \frac{b}{a}.$$

したがって

$$|\alpha| < \frac{b}{a}, \quad |\beta| < \frac{b}{a}.$$

また

$$\frac{\alpha+\beta}{\alpha\beta} = \frac{1}{\alpha} + \frac{1}{\beta} = \frac{-\dfrac{b}{a}}{\dfrac{c}{a}} = -\frac{b}{c}.$$

したがって

$$\left|\frac{1}{\alpha}\right| + \left|\frac{1}{\beta}\right| = \left|\frac{1}{\alpha} + \frac{1}{\beta}\right| = \frac{b}{c},$$

すなわち

$$\left|\frac{1}{\alpha}\right| < \frac{b}{c}, \quad \left|\frac{1}{\beta}\right| < \frac{b}{c},$$

よって

$$\frac{c}{b} < |\alpha|, \quad |\beta| < \frac{b}{a}.$$

これは次の定理の特別な場合である．

定理 1.35　掛谷の定理

n 次方程式

$$a_0 x^n + a_1 x^{n-1} + \cdots + a_{n-1} x + a_n = 0$$

において
$$a_0 \geq a_1 \geq \cdots \geq a_{n-1} \geq a_n > 0$$
のとき，すべての解の絶対値は1より大きくならない．

少し条件を強くして実数の解しか持たないとすると，次の定理が簡単に証明できる．

定理 1.36

n 次方程式
$$a_0 x^n + a_1 x^{n-1} + \cdots + a_{n-1} x + a_n = 0$$
の係数がすべて正で，この方程式の解がすべて実数のときは，どの解の絶対値も $\dfrac{a_1}{a_0}$ より小さく，$\dfrac{a_n}{a_{n-1}}$ より大きい．

[証明] n 次方程式の n 個の解を $\alpha_1, \cdots, \alpha_n$ とする．
$$a_0 x^n + a_1 x^{n-1} + \cdots + a_{n-1} x + a_n = a_0 (x - \alpha_1) \cdots (x - \alpha_n)$$
$$= a_0 x^n - a_0 (\alpha_1 + \cdots + \alpha_n) x^{n-1} + \cdots.$$
したがって
$$\alpha_1 + \cdots + \alpha_n = -\frac{a_1}{a_0}.$$
係数はすべて正だから n 個の解はすべて負である．したがって
$$|\alpha_1| + \cdots + |\alpha_n| = |\alpha_1 + \cdots + \alpha_n| = \frac{a_1}{a_0}.$$
$$|\alpha_1|, \cdots, |\alpha_n| < \frac{a_1}{a_0}. \qquad \square$$

問 1.37

定理 1.36 の反対側の解の評価 $\left(|\alpha_j| > \dfrac{a_n}{a_{n-1}}, j=1,\cdots,n\right)$ をせよ．

定理 1.35 の係数が複素数の場合は少し状況が異なり，次の定理が証明されている．

定理 1.38　高橋進一

係数 a_j が複素数の n 次方程式

$$a_0 x^n + a_1 x^{n-1} + \cdots + a_{n-1} x + a_n = 0$$

において

$$a_0 = p_0 + i q_0, a_1 = p_1 + i q_1, \cdots, a_n = p_n + i q_n,$$

とおく．

$$p_0 \geq p_1 \geq \cdots \geq p_{n-1} \geq p_n > 0,$$
$$q_0 \geq q_1 \geq \cdots \geq q_{n-1} \geq q_n > 0,$$

のとき，すべての解の絶対値は $\sqrt{2}$ より大きくならない．

問 1.39

2 次方程式 $az^2 + bz + c = 0$，ただし $a, b, c \in \mathbf{C}$ の解に対して $|z| \leq \left|\dfrac{b}{a}\right| + \left|\dfrac{c}{b}\right|$ が成り立つことを証明せよ．

例題 1.40

2 次関数 $f(x) = x^2 + ax + b$，（ただし a, b は任意の実数）．において 3 つの絶対値 $|f(1)|, |f(2)|, |f(3)|$ の中のどれか一つは $\dfrac{1}{2}$ より小さくならないことを示せ．

[解答]
$$f(1) = 1+a+b, \quad f(2) = 4+2a+b, \quad f(3) = 9+3a+b$$

だから $f(1) - 2f(2) + f(3) = 2$. したがって $|f(1)| + 2|f(2)| + |f(3)| \geq 2$. よってもし $|f(1)| < \frac{1}{2}$, $|f(2)| < \frac{1}{2}$, $|f(3)| < \frac{1}{2}$ ならば $|f(1)| + 2|f(2)| + |f(3)| < \frac{1}{2} + 2 \times \frac{1}{2} + \frac{1}{2} = 2$ となり $|f(1)| + 2|f(2)| + |f(3)| \geq 2$ に矛盾する. したがって $|f(1)|, |f(2)|, |f(3)|$ の中のどれかは一つは $\frac{1}{2}$ より小さくならない.

問 1.41

$|f(1)| < \frac{1}{2}$, $|f(2)| < \frac{1}{2}$, $|f(3)| < \frac{1}{2}$ と仮定して (a,b) 平面上に不等式のグラフを書き, その領域から矛盾を導け.

この問題は次の定理の特別な場合である.

定理 1.42

$f(x) = x^n + c_1 x^{n-1} + \cdots + c_n$ なる n 次多項式とするとき $|f(1)|, |f(2)|, \cdots, |f(n+1)|$ の中の少なくとも一つは $\frac{n!}{2^n}$ より小さくならない.

[証明] $g(x) = (x-1)(x-2)\cdots(x-n-1)$ とおき, $\dfrac{f(x)}{g(x)}$ を部分分数に分解する.

$$\frac{f(x)}{g(x)} = \frac{a_1}{x-1} + \frac{a_2}{x-2} + \cdots + \frac{a_{n+1}}{x-n-1}.$$

定数 a_k を求めると

$$\lim_{x \to k} \frac{g(x)}{x-k} = g'(k)$$

だから $a_k = \dfrac{f(k)}{g'(k)}$. したがって
$$f(x) = \sum \frac{f(k)}{g'(k)} \cdot \frac{g(x)}{x-k} \text{ (ラグランジェの補間公式)}.$$

$f(x)$ とラグランジェの補間公式で得られた $f(x)$ の x^n 次の係数を比較すると，左辺は 1 で右辺は
$$\sum \frac{f(k)}{g'(k)} = \sum \frac{k^n}{g'(k)} + c_1 \sum \frac{k^{n-1}}{g'(k)} + \cdots + c_n \sum \frac{1}{g'(k)}$$
となる．これより
$$1 = \sum \frac{k^n}{g'(k)}, \quad 0 = \sum \frac{k^t}{g'(k)}, \text{ただし } t = 0, 1, \cdots, n-1.$$
よって
$$\sum_{k=0}^{n} \frac{f(k)}{g'(k)} = 1$$
$$\left|\frac{1}{g'(k)}\right| = \frac{1}{k!(n-k)!}. \quad (k = 0, 1, \cdots, n)$$
したがって
$$n! = (-1)^n \binom{n}{0} f(1) + (-1)^{n-1} \binom{n}{1} f(2)$$
$$+ \cdots + (-1)^0 \binom{n}{n} f(n+1).$$
よって，$|f(k)| < \dfrac{n!}{2^n},\ k = 1, 2, \cdots, n+1$ と仮定する．

$$|n!| = \left|(-1)^n \binom{n}{0}f(1) + (-1)^{n-1}\binom{n}{1}f(2)\right.$$
$$\left. + \cdots + (-1)^0 \binom{n}{n}f(n+1)\right|$$
$$\leq |f(1)| + \binom{n}{1}|f(2)|$$
$$+ \cdots + \binom{n}{n}|f(n+1)| < \frac{n!}{2^n}(1+1)^n = n!$$

矛盾．したがって $|f(k)|$ の中に $\frac{n!}{2^n}$ より小さくないものが少なくとも一つはある． □

例題 1.43

2 次方程式 $ax^2 - x + 1 = 0$ が実数の解をもつとき，一つの解は 2 より大きくない正数の解となることを示せ．

[解答] 二つの解を α, β とする．解と係数の関係から $\alpha + \beta = \frac{1}{a}$, $\alpha\beta = \frac{1}{a}$, これより $\alpha + \beta = \alpha\beta$, または $(\alpha-1)(\beta-1) = 1$. 絶対値をとると $|\alpha-1||\beta-1| = 1$.

これから $|\alpha-1| > 1, |\beta-1| > 1$ が同時に成り立たない．よって $|\alpha-1| \leq 1$ となり $-1 \leq \alpha - 1 \leq 1$.

$\alpha = 0$ は解ではないので，$0 < \alpha \leq 2$.

問 1.44

例題 1.43 をグラフを使って示せ．

問 1.45

例題 1.43 の 2 次方程式が虚数の解をもつ時にも成り立つことを示せ．

これはランダウが研究した方程式の解の評価の問題である．

定理 1.46　ランダウ

a は実数とするとき，n 次方程式

$$ax^n - x + 1 = 0$$

は絶対値が 2 より大きくない 1 つの解をかならずもつ．

例題 1.47

係数が実数の 2 次方程式 $ax^2 + bx + c = 0$ が実解のみを持つとき次の不等式が成り立つことを示せ．

$$a + b + c \leq \frac{9}{4}\max(a, b, c)$$

[解答]　この不等式が a, b, c に対して成り立たないとする．すると次の 3 つの不等式が成り立ち，さらに実解を持つので判別式は負ではない．例えば最大値 a について成立しないとする．すなわち

$$4a + 4b + 4c > 9a.$$

書き直すと

$$5a < 4b + 4c, \tag{1.12}$$

同様に b について

$$5b < 4c + 4a, \tag{1.13}$$

同様に c について

$$5c < 4a + 4b, \tag{1.14}$$

判別式について
$$4ac \leq b^2. \tag{1.15}$$

b について場合を分ける．

場合 I ($b=0$). (1.12) と (1.14) を加えると $a+c < 0$. 一方 (1.13) より $0 < a+c$ となり矛盾．ここでは (1.15) を使っていない．

場合 II ($b>0$). $a = \dfrac{1}{2}bx, c = \dfrac{1}{2}by$ と置き換え (x,y) 平面に移す．(1.12) は $\dfrac{5}{2}bx < 4b + \dfrac{4}{2}by$, すなわち $5x < 8 + 4y$ となる．他の不等式も同様．

$$4y > 5x - 8, \quad 2y > -2x + 5, \quad 5y < 4x + 8, \quad xy \leq 1.$$

最初の三つを満たす領域は三角形の内部 $\left(\text{頂点は} \left(\dfrac{1}{2}, 2\right), \left(2, \dfrac{1}{2}\right), (8,8) \text{である}\right)$ にあるが，最後の双曲線によって定まる領域と共通な点がないので解がない（図 1-3）．

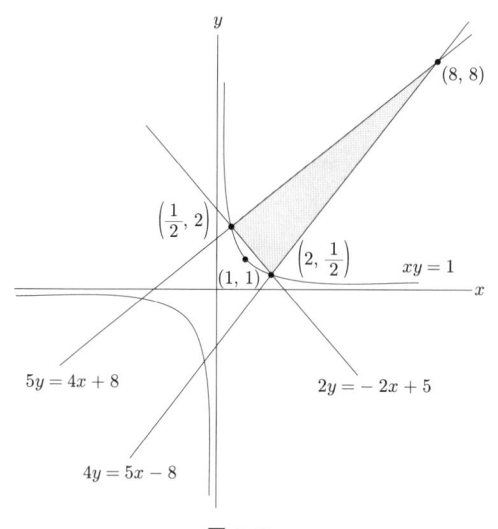

図 1-3

場合III ($b < 0$) も同様である．

2次の場合を一般化した定理も知られている．

定理1.48　J.D.Dixon

係数が実数の n 次方程式 $a_0 x^n + \cdots + a_{n-1} x + a_n = 0$ の解がすべて実数だとする．このとき次の不等式が成り立つ．

$$a_0 + a_1 + \cdots + a_n \leq \alpha_n \max(a_0, \cdots, a_n),$$

ここで

$$\alpha_n = \frac{(n+1)^n}{\binom{n}{s}(n-s)^{n-s}(s+1)^s}, \ \text{ただし}\ s = \left[\frac{n}{2}\right].$$

ここで α_n は最良値である．

補題1.49

$$\frac{1}{x} + \frac{1}{y} = \frac{1}{z} \ \text{ならば}\ \frac{1}{x-\alpha} + \frac{1}{y-\alpha} < \frac{1}{z-\alpha}.$$

ただし，$x, y, z > \alpha > 0$．

[証明]　強引に差を計算する．

$$\frac{1}{x-\alpha} + \frac{1}{y-\alpha} - \frac{1}{z-\alpha}$$

$$= \frac{1}{x-\alpha} + \frac{1}{y-\alpha} - \frac{\frac{1}{x} + \frac{1}{y}}{1 - \alpha\left(\frac{1}{x} + \frac{1}{y}\right)}$$

$$= \frac{1}{1 - \alpha\left(\frac{1}{x} + \frac{1}{y}\right)} \times \left[\left\{1 - \alpha\left(\frac{1}{x} + \frac{1}{y}\right)\right\} \frac{1}{x-\alpha} + \left\{1 - \alpha\left(\frac{1}{x} + \frac{1}{y}\right) \frac{1}{y-\alpha} - \left(\frac{1}{x} + \frac{1}{y}\right)\right\} \right]$$

$$= \frac{\alpha z}{z-\alpha} \left\{ \frac{1}{x(x-\alpha)} + \frac{1}{y(y-\alpha)} - \left(\frac{1}{x} + \frac{1}{y}\right)\left(\frac{1}{x-\alpha} + \frac{1}{y-\alpha}\right) \right\}$$

$$= -\frac{\alpha z}{z-\alpha} \left\{ \frac{1}{x(y-\alpha)} + \frac{1}{y(x-\alpha)} \right\} < 0$$

したがって補題 1.49 が証明できた.　　　　　　　　　　　　　　□

定理 1.50

$\dfrac{1}{x_1} + \dfrac{1}{x_2} + \cdots + \dfrac{1}{x_n} = \dfrac{1}{A}$ ならば,

$$\frac{1}{x_1 - \alpha} + \frac{1}{x_2 - \alpha} + \cdots + \frac{1}{x_n - \alpha} < \frac{1}{A - \alpha}$$

ただし, $x_i, A > \alpha > 0$.

[証明] 数学的帰納法による.

$$\frac{1}{y_0} + \frac{1}{y_1} + \cdots + \frac{1}{y_n} = \frac{1}{B}$$

において

$$\frac{1}{y_0} + \frac{1}{y_1} = \frac{1}{z_1}$$

とする. また $y_i > B > \alpha$ から $y_0, y_1 > z_1$ と $z_1 > B$ がいえる.

$$\frac{1}{z_1} + \frac{1}{y_2} + \cdots + \frac{1}{y_n} = \frac{1}{B}$$

帰納法の仮定より

$$\frac{1}{z_1 - \alpha} + \frac{1}{y_2 - \alpha} + \cdots + \frac{1}{y_n - \alpha} < \frac{1}{B - \alpha}.$$

補題 1.49 より

$$\frac{1}{y_0 - \alpha} + \frac{1}{y_1 - \alpha} < \frac{1}{z_1 - \alpha}.$$

したがって

$$\frac{1}{y_0-\alpha}+\frac{1}{y_1-\alpha}+\frac{1}{y_2-\alpha}+\cdots+\frac{1}{y_n-\alpha}$$
$$<\frac{1}{z_1-\alpha}+\frac{1}{y_2-\alpha}+\cdots+\frac{1}{y_n-\alpha}<\frac{1}{B-\alpha}. \qquad \square$$

この不等式は方程式の解を評価するときに出てくる．

例題 1.51

係数が実数の 2 次関数 $f(x) = ax^2 + 2bx + c$ を区間 $-1 \leq x \leq 1$ で考える．$|f(x)| \leq M$ のとき不等式 $|f'(x)| \leq 4M$ が成り立つことを示せ．

[解答] $|f'(x)| = |2ax + 2b| = 2|ax + b|$ より，$|ax+b|$ は $x=1$ または $x=-1$ のとき最大となる．$|ax+b| \leq |a \pm b|$. したがって $|a \pm b| \leq 2M, (-1 \leq x \leq 1)$ を示せばよい．

(i) $\left|\dfrac{b}{a}\right| > 1$ ならば $|f(x)|$ の最大値は $f(1)$ かまたは $f(-1)$ であるから，
$$|f(\pm 1)| = |a \pm 2b + c| \leq M,$$
$$4|b| = |(a+2b+c)-(a-2b+c)|$$
$$\leq |a+2b+c| + |a-2b+c|$$
$$\leq 2M$$

したがって
$$|a \pm b| \leq |a| + |b| \leq 2|b| \leq M.$$

(ii) $\left|\dfrac{b}{a}\right| \leq 1$ ならば
$$2|a| = |(a+2b+c)+(a-2b+c)-2c|$$
$$\leq |a+2b+c| + |a-2b+c| + |2c|$$

$|f(0)| = |c| \leq M$ だから
$$2|a| \leq 4M.$$
頂点の座標が $\left(-\dfrac{b}{a}, \dfrac{ac-b^2}{a}\right)$ だから $\left|\dfrac{ac-b^2}{a}\right| \leq M$ である.
$$\dfrac{(a \pm b)^2}{|a|} = \left|(a \pm 2b + c) - \left(c - \dfrac{b^2}{a}\right)\right| \leq 2M$$

したがって
$$(a \pm b)^2 \leq 2|a|M \leq 4M^2.$$

すなわち，$|a \pm b| \leq 2M$.

この例題の 1 次関数の場合は例題 1.24 を参照．また一般には次の定理がある．

定理 1.52　マルコフの不等式

n 次の多項式 $f(x)$ を区間 $-1 \leq x \leq 1$ で考える．このとき $|f(x)| \leq M$ ならば，次の不等式が成り立つ.
$$|f'(x)| \leq n^2 M.$$

例題 1.53

2 次関数 $f(x) = x^2 + ax + b$ を区間 $-1 \leq x \leq 1$ で考える．$|f(x)|$ の最大値を M とすれば不等式 $M \geq \dfrac{1}{2}$ が成り立つことを示せ．

等号は $f(x) = x^2 - \dfrac{1}{2}$ のときに限って成り立つ.

[**解答**] 例題 1.40 の証明と同じ方法で示してみる.

$$f(1) = 1 + a + b, \quad f(0) = b, \quad f(-1) = 1 - a + b$$

から a, b を消去する.

$$f(1) - 2f(0) + f(-1) = 2.$$

したがって

$$|f(1)| + 2|f(0)| + |f(-1)| \geq 2.$$

よって,もし $M < \dfrac{1}{2}$ と仮定すると

$$|f(1)| + 2|f(0)| + |f(-1)| < \frac{1}{2} + 2 \times \frac{1}{2} + \frac{1}{2} = 2$$

となり

$$|f(1)| + 2|f(0)| + |f(-1)| \geq 2$$

に矛盾する.したがって $M \geq \dfrac{1}{2}$.

問 1.54

例題 1.53 の等号について検討せよ.

例題 1.53 を一般化した定理もよく知られている.

定理 1.55 チェビシェフの定理

n 次の多項式

$$f(x) = x^n + a_1 x^{n-1} + \cdots + a_n$$

を区間 $-1 \leq x \leq 1$ で考える．$|f(x)|$ の最大値を M とすれば，次の不等式が成り立つ．

$$M \geq \frac{1}{2^{n-1}}.$$

等号は $f(x) = \dfrac{1}{2^{n-1}} T_n(x)$ のときに限る．

ここで $T_n(x)$ は $\cos n\theta$ を $\cos\theta$ で表した式で $\cos\theta = x$ とおいたものである．

$T_n(x)$ は高校で習った三角関数の加法定理を繰り返し使えば得られる．たとえば，2 倍角の公式：$\cos 2\theta = 2\cos^2\theta - 1$ から $T_2(x) = 2x^2 - 1$，3 倍角の公式：$\cos 3\theta = 4\cos^3\theta - 3\cos\theta$ から $T_3(x) = 4x^3 - 3x$．$T_n(x)$ はチェビシェフの多項式といわれ，おもしろい性質をもっている．

問 1.56

$T_n(x)$ は漸化式 $T_n(x) = 2x T_{n-1}(x) - T_{n-2}(x)$ $(n = 2, 3, \cdots)$ を満たすことを示せ．

ただし，$T_0(x) = 1, T_1(x) = x$.

問 1.57

$T_n(x)$ は式 $T_{n+1}^2(x) - T_n(x) T_{n+2}(x) = 1 - x^2$ $(n = 0, 1, 2, \cdots)$ を満たすことを示せ．

問 1.58

$y = T_n(x)$ は微分方程式 $(1-x^2)y'' - xy' + n^2 y = 0$ を満たすことを示せ.

$x^5 + 2x^4 - 5x^3 - 6x^2 \geq 0$, この左辺は $x^2(x-2)(x+1)(x+3)$ と因数分解できるので区間の正と負の状況がわかる. $x \geq 2$ と $-3 \leq x \leq -1$ が解である.

しかし, 5次以上の方程式の解の公式は存在しないので一般に高

解の公式 〜〜〜〜〜〜〜〜〜〜〜〜〜〜〜〜〜〜〜〜 コラム 〜〜

ガウスの定理:$a_0 \neq 0, a_0, a_1, \cdots, a_n$ は任意の実数または複素数. このとき

$$a_0 x^n + a_1 x^{n-1} + \cdots + a_{n-1} x + a_n = 0$$

は解を持つ.

これは代数学に関する基本定理と呼ばれガウス自身もいくつかの証明をした. 当然それらの解を与えられた情報(係数, 次数など)を用いて正確に求めることが要求された.

$n = 2$ の場合はよく知られた解の公式である.

$$x = \frac{-a_1 \pm \sqrt{a_1^2 - 4a_0 a_2}}{2a_0}$$

次数が高い方程式に対しても同じようなものを探す努力がされ, $n = 3$ に対してはルネッサンスのころにカルダノの解法が知られていた. また, $n = 4$ に対しても同じ時代のフェラリによって得られている. ところがその後, 5次の方程式の解の公式が一向に見つからなかった. アーベルによる次の定理(1826年)を見ればどんなに努力しても駄目であることが分かる. $n \geq 5$ に対して

$$x^n + a_1 x^{n-1} + \cdots + a_{n-1} x + a_n = 0$$

の解は代数的に解けない.

次の方程式に関する不等式は難しい．

有理多項式に関する不等式も分母がゼロになる点を除くことに注意をすれば多項式と同じである．
$$\frac{x^2-2x-8}{x^3-4x^2+x+6} \geq 0.$$
分母，分子を因数分解すれば
$$\frac{(x-4)(x+2)}{(x+1)(x-2)(x-3)} \geq 0$$
よって $x \geq 4,\ 2 < x < 3,\ -2 \leq x < -1$．

問 1.59

$\dfrac{3x^3+5x^2+2x-2}{x^4+2x^3-x-2} \geq 1$ を解け．

例題 1.60

$\sqrt{f(x)} \geq g(x)$ と同値な条件を求めよ．

[解答] 根号の中は正でなくてはならないから，まず $f(x) \geq 0$．次に $g(x)$ に注目する．

（i）$g(x) < 0$ ならば $\sqrt{f(x)} \geq g(x)$ は常に成り立つ．

（ii）$g(x) \geq 0$ ならば
$$\sqrt{f(x)} - g(x) = \frac{f(x)-g^2(x)}{\sqrt{f(x)}+g(x)}.$$
よって，$f(x) \geq g^2(x)$．

問 1.61

$\sqrt{f(x)} \leq g(x)$ と同値な条件を求めよ．

問 1.62

$\sqrt{24-x} \leq x-4$ を解け.

例題 1.63

次の連立不等式を解け.

$$x-y > 0, \quad x+y \leq 4, \quad x-2y \leq 4.$$

[解答] 3本の直線で囲まれた領域の条件を満たす側を斜線で書くと，三角形の内部が条件を満たしている．辺上は少し注意する必要がある．$x-y>0$ だから $y=x$ 上の点は除く（図1-4）．

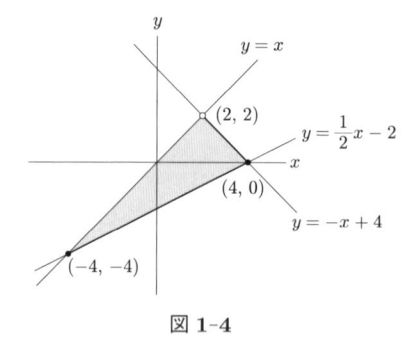

図 1-4

問 1.64

次の連立不等式を解け：$\begin{cases} 2x-5 > 0, \\ x^2-x-6 \leq 0. \end{cases}$

高校で習ったように

$$A^n - B^n = (A-B)(A^{n-1} + A^{n-2}B + \cdots + AB^{n-2} + B^{n-1})$$

である．これを使っていくつか不等式を示してみる．

1.5 2次関数の不等式

例題 1.65

$a, b > 0$ で $a \neq b$ ならば $a^{n+1} + nb^{n+1} > (n+1)ab^n$ が成り立つことを示せ.

[解答]

$$a^{n+1} + nb^{n+1} - (n+1)ab^n$$
$$= a^{n+1} + nb^{n+1} - nab^n - ab^n = a(a^n - b^n) - nb^n(a-b)$$
$$= a(a-b)(a^{n-1} + \cdots + b^{n-1}) - nb^n(a-b)$$
$$= (a-b)(a^n + a^{n-1}b + \cdots + ab^{n-1} - nb^n).$$

$a > b$ なら $a^k b^{n-k} > b^n$, また, $a < b$ なら $a^k b^{n-k} < b^n$ でいずれの場合でも $a^{n+1} + nb^{n+1} > (n+1)ab^n$.

例題 1.66

$a, b, c > 0$ は実数で次の性質を持っているとする.
「任意の自然数 $n \geq 1$ に対して辺の長さ a^n, b^n, c^n を持つ三角形 T_n が存在する.」
このとき三角形 T_n は二等辺三角形であることを示せ.

[解答] $a \geq b \geq c > 0$ とする. 三角不等式より $c^n > a^n - b^n$. 右辺を因数分解すれば

$$c^n > (a-b)(a^{n-1} + a^{n-2}b + \cdots + ab^{n-2} + b^{n-1}).$$

$a \geq c, \ b \geq c$ より

$$a^{n-1-k}b^k \geq c^{n-1-k}c^k = c^{n-1}, \ ただし \ 0 \leq k \leq n-1.$$

したがって $c^n > (a-b)nc^{n-1}$, すなわち $c > (a-b)n$. もし $a > b$ ならば n が任意なので $c > (a-b)n$ の右辺はいつか c を超え

てしまい矛盾．よって $a=b$ となり二等辺三角形．

問 1.67
$a>b>0$ ならば $\dfrac{n+1}{n}a > \dfrac{a^{n+1}-b^{n+1}}{a^n-b^n} > \dfrac{n+1}{n}b$ が成り立つことを示せ．

複素数

複素数には大小関係がないので，絶対値の形や関数の値で不等式がでてくる．$z=x+iy$ に対して $x-iy$ を z の複素共役といい，記号 $\bar{z}$ と書く．$z\bar{z}=x^2+y^2$ で $\sqrt{x^2+y^2}$ を複素数 z の絶対値といって，これを $|z|$ で表す．$|z|$ は複素平面上では原点と z との距離を表している．簡単な性質は，$|z_1 z_2|=|z_1|\cdot|z_2|$．

定理 1.68　三角不等式

実数 a,b に対して

$$||a|-|b|| \leq |a+b| \leq |a|+|b|.$$

虚数　〜〜〜〜〜〜〜〜〜〜〜　コラム 〜〜

$x^2=-1$ となる実数は存在しないが，数の範囲を広げて -1 の平方根 $\sqrt{-1}$ を考え，虚数単位とよび，i で表す．すなわち $i^2=-1$ である．実数 x,y に対して $z=x+iy$ を複素数とよぶ．複素数の世界には大小関係がないことが実数の世界と大きく違う．

たとえば i と 0 の大小関係を調べてみる．まず i は 0 とは異なる．$i>0$ ならば $i^2>0$，したがって $-1>0$，よって矛盾．同様にして $i<0$ でも矛盾が得られる．

[証明] 右側の不等式を証明する．平方することで絶対値を外す．

$$(|a|+|b|)^2 - |a+b|^2 = |a|^2 + 2|a||b| + |b|^2 - (a^2 + 2ab + b^2)$$
$$= a^2 + 2|ab| + b^2 - (a^2 + 2ab + b^2)$$
$$= 2(|ab| - ab) \geq 0$$

よって $|a| + |b| \geq |a+b|$．次にいま示した不等式を使って

$$|a| = |a+b+(-b)| \leq |a+b| + |-b| = |a+b| + |b|.$$

同様に b をもとにすれば $|b| \leq |a+b| + |a|$ が示せる．よって

$$||a| - |b|| \leq |a+b|. \qquad \square$$

定理 1.69

複素数 z_1, z_2 に対して

$$|z_1 + z_2| \leq |z_1| + |z_2|.$$

$z_1, z_2 \neq 0$ ならば等号は $z_2 = tz_1$, $t > 0$ の場合にのみ成り立つ．

[証明]

$$|z_1 + z_2|^2 = (z_1 + z_2)(\overline{z_1} + \overline{z_2})$$
$$= z_1\overline{z_1} + (z_1\overline{z_2} + \overline{z_1}z_2) + z_2\overline{z_2}$$
$$= |z_1|^2 + |z_2|^2 + 2\mathrm{Re}(z_1\overline{z_2}),$$
$$\mathrm{Re}(z_1\overline{z_2}) \leq |z_1\overline{z_2}| = |z_1||z_2|.$$

よって

$$|z_1 + z_2| \leq |z_1| + |z_2|.$$

等号は $\mathrm{Re}(z_1\overline{z_2}) = |z_1\overline{z_2}|$ のとき起こる．これから $z_1\overline{z_2} \geq 0$．$z_1, z_2 \neq 0$ で $z_1\overline{z_2} \geq 0$ ならば $|z_2|^2 \dfrac{z_1}{z_2} > 0$，これより $\dfrac{z_1}{z_2} > 0$． □

問 1.70

$z_1 = x_1 + iy_1, z_2 = x_2 + iy_2$ とおいて定理 1.69 を証明せよ．

問 1.71

$||z_1| - |z_2|| = |z_1 + z_2|$ が成立する条件を検討せよ．

定理 1.72　ボーアの不等式

c は正の数で z_k が複素数ならば

$$|z_1 + z_2|^2 \leq (1+c)|z_1|^2 + \left(1 + \frac{1}{c}\right)|z_2|^2$$

が成り立つ．等号は $z_2 = cz_1$ の場合にかぎる．

[証明] $z_1 = x_1 + iy_1$, $z_2 = x_2 + iy_2$ とおけば，

$$(1+c)(x_1^2 + y_1^2) + \left(1 + \frac{1}{c}\right)(x_2^2 + y_2^2) - (x_1 + x_2)^2 - (y_1 + y_2)^2$$
$$= c(x_1^2 + y_1^2) + \frac{1}{c}(x_2^2 + y_2^2) - 2(x_1 x_2 + y_1 y_2)$$
$$= \left(\sqrt{c}x_1 - \frac{1}{\sqrt{c}}x_2\right)^2 + \left(\sqrt{c}y_1 - \frac{1}{\sqrt{c}}y_2\right)^2 \geq 0.$$

等号は $x_2 = cx_1$, $y_2 = cy_1$，すなわち $z_2 = cz_1$． □

第 2 章

初等的な不等式

　変数の数が 2 個，3 個の算術平均と幾何平均の不等式を取り上げた．いろいろな証明方法を味わってほしい．新しいアイディアが浮かべば読者も別証明を見つけられる．不等式の証明には万能な手段はないが，関数を微分して関数の特徴を調べるという，かなり強力な方法がある．その中でも増加関数または減少関数を利用すると多くの不等式の証明ができ有効な方法であることを実感してほしい．

2.1 算術・幾何平均の不等式

もっともよく知られた不等式の一つは算術平均,幾何平均に関するもので幾何学的には次の問題である.

「与えられた線分を二つに分けて,これらの線分を2辺とする長方形の面積を最大にせよ.」

この問題に対する答えが次の定理である.

定理 2.1

$a, b \geq 0$ に対して $\dfrac{a+b}{2} \geq \sqrt{ab}$ が成り立つ. (2.1)

等号は $a = b$ のときに限る.

[証明] 高校でも習った証明をいくつか復習してみる.

証明 1. $a, b \geq 0$ より $a = c^2, b = d^2$ とおく.これを式 (2.1) に代入すると

$$\frac{c^2 + d^2}{2} - cd = \frac{1}{2}(c-d)^2 \geq 0.$$

したがって $c = d$ のとき等号が成立.別に c^2, d^2 とおかなくても直接示すこともできる.

証明 2. 図形を使った証明もよく知られている.

$$\triangle \mathrm{OCQ} + \triangle \mathrm{OPD} \geq \square \mathrm{OPRQ}$$

左辺の図形の面積はそれぞれ $\dfrac{c^2}{2}, \dfrac{d^2}{2}$.一方,右辺の長方形の面積は cd.よって

$$\frac{c^2 + d^2}{2} \geq cd.$$

図 **2-1**　　　　　図 **2-2**

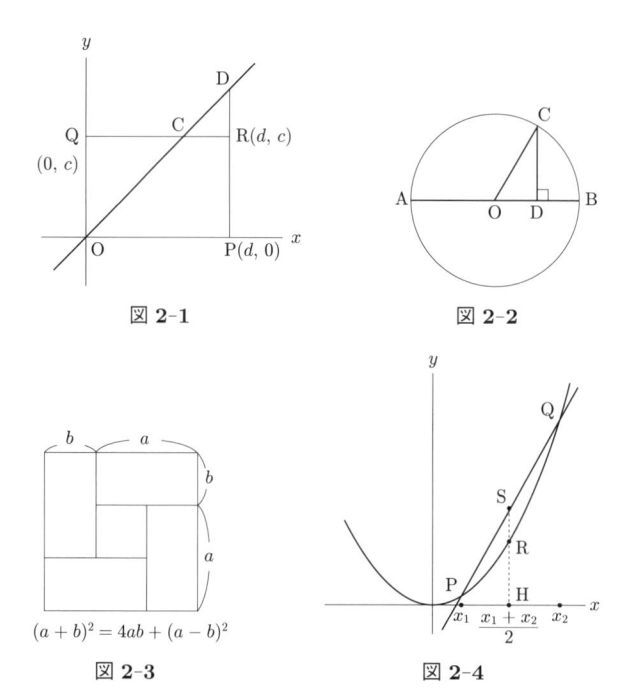

図 **2-3**　　　　　図 **2-4**

図形では $c=d$ のとき等号が成立して正方形ができる（図 2-1）．

証明 3. 方べきの定理を思い出せば次のような証明もある（図 2-2）．$CD \perp AB$ で方べきの定理を使って $AD \times DB = CD^2$．したがって図より $CD \leq CO$ が成り立ち，等号は D と O が一致したときに起こる．$AD = a$，$DB = b$ とおけば直径は $AB = a+b$ だから $CO = \dfrac{a+b}{2}$．これらを $CD \leq CO$ に代入すればよい．

証明 4. 昔から知られているものに恒等式を使うものがある．

$$4ab = (a+b)^2 - (a-b)^2 \leq (a+b)^2.$$

したがって等号は $(a-b)^2 = 0$ のときで $a = b$．この恒等式は図形で書くと分かりやすい（図 2-3）．

証明 5. 簡単な関数を使ってグラフでの状況を考える．$f(x) = x^2$，$x \geq 0$ のグラフを書く（図 2-4）．曲線上に異なる二点 P, Q を

図 2-5

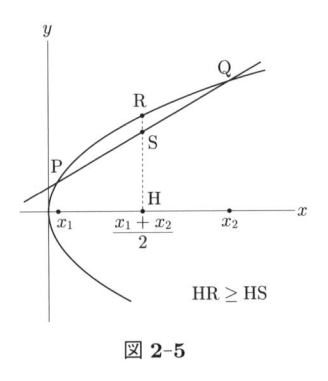

とる．$P = (x_1, x_1^2)$, $Q = (x_2, x_2^2)$. x 座標に $H = \dfrac{x_1 + x_2}{2}$ を持つ曲線上の点を R とする．直線 PQ の二等分点を S としたときグラフより HR < HS．これを具体的に計算してみる．

$$\frac{1}{2}(x_1^2 + x_2^2) > \left(\frac{x_1 + x_2}{2}\right)^2.$$

整理すると

$$\frac{x_1^2 + x_2^2}{2} > x_1 x_2.$$

ここで $x_1^2 = a$, $x_2^2 = b$ とおけば見慣れた算術・幾何平均の不等式である．

証明 6．証明 5 では最後に置き換えたが，最初から平方根が出てくる関数を使えば少し簡単になるかもしれない．

$f(x) = \sqrt{x}, x \geq 0$ のグラフを書く（図 2-5）．曲線上に異なる二点 P,Q をとる．$P = (x_1, \sqrt{x_1})$, $Q = (x_2, \sqrt{x_2})$. x 座標に $H = \dfrac{x_1 + x_2}{2}$ を持つ曲線上の点を R とする．直線 PQ の二等分点を S としたときグラフより HR > HS．これを具体的に計算してみる．

$$\sqrt{\frac{x_1 + x_2}{2}} > \frac{\sqrt{x_1} + \sqrt{x_2}}{2}.$$

ここで両辺を平方すれば算術・幾何平均の不等式である．

図 2-6

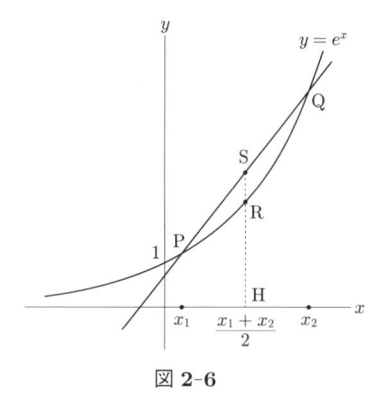

証明5と証明6の違いはグラフを見れば曲線の膨らみ方が上か下である．不等式では非常に大切な考え方である．

証明7．このような性質を持っていれば他の関数でも可能である．$f(x) = e^x$ とおき，グラフを書いてみる（図2-6）．

$$f\left(\frac{x_1+x_2}{2}\right) = e^{\frac{x_1+x_2}{2}} \leq \frac{f(x_1)+f(x_2)}{2} = \frac{e^{x_1}+e^{x_2}}{2}$$

ここで $e^{x_1} = a, e^{x_2} = b$ とおけば不等式が得られる． □

コラム　相加平均と相乗平均

私は最初から相加平均と相乗平均で習ったが，実は英語は arithmetic mean と geometric mean で中国語でも算術平均と幾何平均である．すでに相乗効果という熟語があり，相加平均や相乗平均が市民権を得ているので日常会話に算術平均や幾何平均を持ち込むのは大変である．しかし，この本では算術平均と幾何平均を使う．

算術・幾何平均の定理 2.1 を少し一般化したものを考える．

定理 2.2

$a, b, \alpha, \beta > 0$ で $\alpha + \beta = 1$ ならば $a^\alpha b^\beta \leq \alpha a + \beta b$．
等号は $a = b$ のときのみ成立．

[証明] $y = x^{\frac{\alpha}{\beta}}$ を考える．

面積 OACB = 面積 OEB + 面積 OACE ≤ 面積 OEB + 面積 OAD
（図 2-7）．

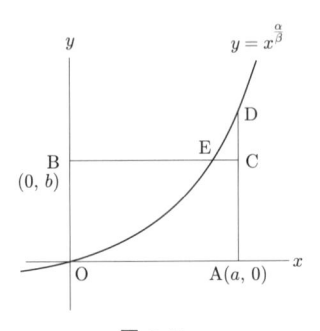

図 2-7

$$ab \leq \int_0^b y^{\frac{\beta}{\alpha}} dy + \int_0^a x^{\frac{\alpha}{\beta}} dx = \alpha b^{\frac{1}{\alpha}} + \beta a^{\frac{1}{\beta}}.$$

ここで $a^{\frac{1}{\beta}} = Y$, $b^{\frac{1}{\alpha}} = X$ とおけば

$$X^\alpha Y^\beta \leq \alpha X + \beta Y. \qquad \square$$

問 2.3

$x, y > 0$ なら，$p > 1$ で $\dfrac{1}{p} + \dfrac{1}{q} = 1$ のとき $\dfrac{x^p}{p} + \dfrac{y^q}{q} \geq xy$ が成り立つことを示せ．

定理 2.1 で $a = b$ のときは等号が成り立つが，等しくないときの

差はどのくらいか．次のようなあまりすっきしない不等式もある．

例題 2.4

$a,b>0$ に対して次の不等式が成り立つことを証明せよ．
$$\frac{a+b}{2}-\sqrt{ab}\geq\frac{(a-b)^2(a+3b)(b+3a)}{8(a+b)(a^2+6ab+b^2)}.$$

[解答] 同次式なので $a=t^2, b=1$ と置き換える．
$$\frac{t^2+1}{2}-t\geq\frac{(t^2-1)^2(t^2+3)(1+3t^2)}{8(t^2+1)(t^4+6t^2+1)}.$$
左辺にすべて移項して整理すると
$$\frac{(t-1)^8}{8(t^2+1)(t^4+6t^2+1)}\geq 0.$$

当然，もう少し別な n 次の多項式 $g_n(a,b)$ と m 次の多項式 $f_m(a,b)$ を探す問題が考えられる．
$$\frac{a+b}{2}-\sqrt{ab}\geq\frac{g_n(a,b)}{f_m(a,b)}.$$

3個の元に関する算術・幾何平均の不等式も簡単に示すことができる．

定理 2.5

$a,b,c\geq 0$ に対して $\dfrac{a+b+c}{3}\geq\sqrt[3]{abc}$ が成り立つ． (2.2)

等号は $a=b=c$ のときに限る．

[証明] a,b,c は負でない実数であるから $a=x^3, b=y^3, c=z^3$ とおけば，任意の負でない実数 x,y,z について

$$x^3 + y^3 + z^3 - 3xyz \geq 0$$

が成り立つことを証明すればよい．左辺は因数分解されて

$$x^3 + y^3 + z^3 - 3xyz = (x+y+z)(x^2+y^2+z^2-xy-yz-zx).$$

最初の因子 $x+y+z \geq 0$ で等号は $x=y=z=0$ のときに限る．残りの因子に対しては，定理 2.1 から

$$x^2+y^2 \geq 2xy, \quad y^2+z^2 \geq 2yz, \quad z^2+x^2 \geq 2zx.$$

辺々を加えて，

$$2(x^2+y^2+z^2) \geq 2(xy+yz+zx).$$

したがって

$$x^2+y^2+z^2-xy-yz-zx \geq 0.$$

等号は $x=y=z$ のときに限る．元に戻すと

$$\frac{a+b+c}{3} \geq \sqrt[3]{abc}$$

で等号は $a=b=c$ のときに限る． □

問 2.6

$a,b,c > 0$ のとき $(a+b+c)(a^2+b^2+c^2) \geq 9abc$ となることを示せ．

例題 2.7

$x > 0$ のとき，$4x^7 + 6x^5 - 18x^4 + 9 > 0$ を示せ．

[解答]　負に関わっているところは $-18x^4$ しかないので，x が大きくなれば常に成立していることはすぐに分かる．x が 0 に近くても 9 が大きいのでそのままプラスになっていそうである．そう考えるとこの不等式はかなり不自然である．

与式を少し書き直すと舞台裏が見えてくる．
$$\frac{2^2 x^7 + 2 \cdot 3 x^{12-7} + 3^2}{3} > \sqrt[3]{2^3 \cdot 3^3 x^{12}}.$$
算術・幾何平均の定理 2.5 を使っただけであった．等号は $4x^7 = 6x^5 = 9$ のときに成立．しかしこれを満たす実数は存在しない．したがって等しくなることはない．

定理 2.8　コーシーの不等式

$$(x_1^2 + x_2^2)(y_1^2 + y_2^2) \geq (x_1 y_1 + x_2 y_2)^2 \tag{2.3}$$

等号は $x_1 y_2 = x_2 y_1$ のときに限る．

[証明]　複素数を使うと次の恒等式が得られる．

$(x_1^2 + x_2^2)(y_1^2 + y_2^2)$
$= (x_1 + ix_2)(x_1 - ix_2)(y_1 + iy_2)(y_1 - iy_2)$
$= (x_1 + ix_2)(y_1 - iy_2)(x_1 - ix_2)(y_1 + iy_2)$
$= \{(x_1 y_1 + x_2 y_2) + (x_2 y_1 - x_1 y_2)i\}\{(x_1 y_1 + x_2 y_2) - (x_2 y_1 - x_1 y_2)i\}$
$= (x_1 y_1 + x_2 y_2)^2 + (x_2 y_1 - x_1 y_2)^2.$

したがって
$$(x_1^2 + x_2^2)(y_1^2 + y_2^2) \geq (x_1 y_1 + x_2 y_2)^2$$
で等号は $x_2 y_1 - x_1 y_2 = 0$ のときに限る．　□

恒等式は複素共役を使えば

$$z_1\overline{z_1}z_2\overline{z_2} = z_1\overline{z_2}\cdot\overline{z_1}z_2 = (z_1\overline{z_2})\overline{(z_1\overline{z_2})}$$

と非常に簡単なものである．

コーシーの不等式の一般化は定理 6.14 に述べてある．

算術・幾何平均からみた円周率　　コラム

$a_1 = a,\ b_1 = b > 0$ のとき $a_n = \dfrac{a_{n-1} + b_{n-1}}{2}$, $b_n = \sqrt{a_{n-1}b_{n-1}}$ と置く．ただし $a_1 \geq b_1$. このとき定理 2.1 を使えば以下の不等式を示すことができる．

$$a_{n+1} > a_{n+2},\, a_{n+1} > b_{n+1},\, b_{n+2} > b_{n+1}.$$

これらを組み合わせると

$$a_1 > a_2 > \cdots > a_n > \cdots > b_n > b_{n-1} > \cdots > b_1.$$

ガウスはこれから

$$\lim_{n\to\infty} a_n = \lim_{n\to\infty} b_n$$

を $M(a,b)$ で表し，第 1 種完全楕円積分との関係を研究した．第 1 種完全楕円積分とは

$$K(a,b) = \int_0^{\frac{\pi}{2}} \frac{d\theta}{\sqrt{a^2\cos^2\theta + b^2\sin^2\theta}}$$

で，得られた関係は

$$M(a,b)\cdot K(a,b) = \frac{\pi}{2}.$$

上の関係式をみると円周率が出てきているので π の近似値が求まるのではと考えるのは自然だ．$c_n = a_{n-1} - a_n$ とおくと

$$\pi = \frac{M(a,b)^2}{\frac{1}{4} - \sum_{n=1}^{\infty} 2^{n-1}\cdot c_n^2}$$

が知られている．

問 2.9

コーシーの不等式の $n=3$ の場合を示せ.

$$(x_1^2 + x_2^2 + x_3^2)(y_1^2 + y_2^2 + y_3^2) \geq (x_1y_1 + x_2y_2 + x_3y_3)^2.$$

等号は $x_1y_2 = x_2y_1$, $x_1y_3 = x_3y_1$, $x_2y_3 = x_3y_2$ のときに限る.

2.2 微分の応用

定義 2.10

x の値が増加すると y の値も増加する関数を増加関数といい, x の値が増加すると y の値が減少する関数を減少関数という.

例題 2.11

$a > 1$ のとき $y = a^x$ は増加関数で, $0 < a < 1$ のとき $y = a^x$ は減少関数であることを示せ.

[**解答**] 定理 1.10 より $a > 1$ のとき $x_1 < x_2$ ならば $a^{x_1} < a^{x_2}$, また $0 < a < 1$ のとき $x_1 < x_2$ ならば $a^{x_1} > a^{x_2}$. したがってそれぞれ増加関数, 減少関数である (図 2-8).

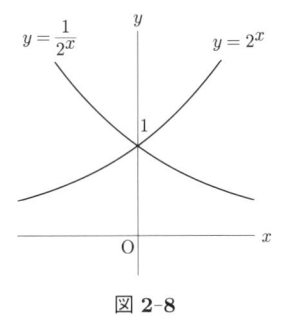

図 2-8

定理 2.12　平均値の定理

$f(x)$ が $[a,b]$ で連続，(a,b) で微分可能ならば

$$\frac{f(b)-f(a)}{b-a} = f'(c), \quad a < c < b$$

を満たす実数 c が存在する．

[証明]　2点 $(a, f(a))$ と $(b, f(b))$ を通る直線の方程式は

$$g(x) = f(a) + \frac{f(b)-f(a)}{b-a}(x-a)$$

である．

$$h(x) = f(x) - g(x)$$

とおく，すなわち点 x における $f(x), g(x)$ の垂直な差が $h(x)$ である．$h(a) = h(b) = 0$ なのでロールの定理が使える．$h'(x) = 0$ となる点が区間 $[a,b]$ 内に存在する．$h'(x) = f'(x) - \frac{f(b)-f(a)}{b-a}$ だから $\frac{f(b)-f(a)}{b-a} = f'(c), \quad a < c < b$. □

例題 2.13

$a > 0$ のとき，不等式 $a < e^a - 1 < ae^a$ を証明せよ．

[解答]　$f(x) = e^x$ は実数全体で微分可能で $f'(x) = e^x$．定理 2.12 により

$$\frac{e^a - e^0}{a - 0} = \frac{e^a - 1}{a} = e^c, \quad 0 < c < a.$$

$f(x)$ は増加関数だから $0 < c < a$ より $1 < e^c < e^a$，したがって

$$a < e^a - 1 < ae^a.$$

定理 2.14

$f(x)$ が $[a,b]$ で連続, (a,b) で微分可能とする. このとき, つねに $f'(x) > 0$ ならば $f(x)$ は増加関数, すなわち $a \leq x_1 < x_2 \leq b$ に対して $f(x_1) < f(x_2)$ である. 逆に $f'(x) < 0$ ならば減少関数である.

[証明] 定理 2.12 より

$$\frac{f(x_2) - f(x_1)}{x_2 - x_1} = f'(c), \quad (x_1 < c < x_2)$$

となる c が存在する. 分母は $x_2 - x_1 > 0$ で $f'(c) > 0$ より

$$f(x_1) < f(x_2),$$

よって $f(x)$ は増加関数である. $f'(x) < 0$ も同様. □

例題 2.15

$f(x) = 2x^3 - 3x^2 + \dfrac{1}{2}$ の増減を調べ, グラフをかけ.

[解答] $f'(x) = 6x^2 - 6x = 6x(x-1)$ だから $f'(x) = 0$ となる点は $x = 0, 1$. $f(x)$ の増減表をつくる (図 2-9).

x		0		1	
$f'(x)$	+	0	−	0	+
$f(x)$	↗	極大	↘	極小	↗

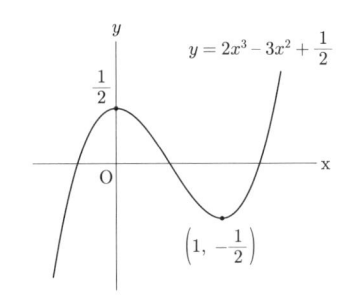

図 2-9

ゆえに，$f(x)$ は，区間 $x \leq 0$ および $x \geq 1$ で増加し，区間 $0 \leq x \leq 1$ で減少する．

問 2.16

$x \geq 0$ のとき，不等式 $x^3 + 32 \geq 6x^2$ が成り立つことを証明せよ．

定理 2.17

$f(x)$ が $[a,b]$ で連続，(a,b) で 2 回微分可能とする．このとき，
(1) $f''(x) > 0$ となる区間では，曲線 $y = f(x)$ は下に凸（凸関数）．
(2) $f''(x) < 0$ となる区間では，曲線 $y = f(x)$ は上に凸（凹関数）．

[証明] 定理 2.14 における $y = f(x)$ を $y = f'(x)$ に置き換えると，

$$f''(x) > 0 \text{ ならば } f'(x) \text{ は区間で増加,}$$
$$f''(x) < 0 \text{ ならば } f'(x) \text{ は区間で減少.}$$

微分係数は接線の傾きを表していたので，

$$f''(x) > 0 \text{ ならば } y = f(x) \text{ が下に凸,}$$
$$f''(x) < 0 \text{ ならば } y = f(x) \text{ が上に凸.} \qquad \square$$

問 2.18

$f(x) = x^2 e^x$ の増減と凹凸を調べ，グラフを描け．

例題 2.19

自然数 m, n に対して

$$\frac{1}{m+n+1} - \frac{1}{(m+1)(n+1)} \leq \frac{4}{45}$$

が成り立つことを示せ.

[解答] 左辺を $f(m,n)$ とおくと, $f(1,1) = f(1,2) = f(2,1) = \frac{1}{12}$. また $k = m+n+2 \geq 6$ に対して

$$\frac{1}{(m+1)(n+1)} \geq \frac{4}{(m+n+2)^2}$$

だから $f(m,n)$ を k を使って書き直すと,

$$f(m,n) \leq \frac{1}{k-1} - \frac{4}{k^2}.$$

右辺を $g(k)$ とおけば $k \geq 6$ に対して

$$g'(k) = -\frac{1}{(k-1)^2} + \frac{8}{k^3} = \frac{-k^3 + 8(k-1)^2}{k^3(k-1)^2}.$$

ここでもう一度分子を $q(k) = -k^3 + 8(k-1)^2$ とおく.

$$q'(k) = -3k^2 + 16(k-1) = (k-4)(-3k+4).$$

したがって $k \geq 6$ で $q'(k) < 0$. すなわち $g'(k) < 0$ だから $g(k)$ は単調減少. よって

$$f(m,n) \leq g(6) = \frac{4}{45}.$$

問 2.20

$n > 1$ 自然数ならば $\log(n+1) < 1 + \frac{1}{2} + \cdots + \frac{1}{n} < 1 + \log n$ が成り立つことを示せ.

例題 2.21

$a > b > 0$, $r > s > 0$ ならば,
$$(a^s + b^s)(a^r - b^r) > (a^r + b^r)(a^s - b^s)$$
が成り立つことを示せ.

[解答] 展開して差をとる.
$$a^{r+s} + a^r b^s - a^s b^r - b^{r+s} - a^{r+s} + a^r b^s - a^s b^r + b^{r+s}$$
$$= 2(a^r b^s - a^s b^r) = 2a^s b^s (a^{r-s} - b^{r-s}) > 0.$$

問 2.22

$a, b, r, s > 0$ で $a \neq b$ ならば, $a^{r+s} + b^{r+s} > a^r b^s + a^s b^r$ が成り立つことを示せ.

コラム　ファン・デル・ヴェルデンの予想

1926 年にファン・デル・ヴェルデンが permanent に関して予想を立てた．行列式（determinant）と単語の綴りが似ているが線形代数で習った記憶はない．したがって訳語もない．

n 次の行列 $A = (a_{ij})$ に対して A の permanent を次のように定義する．

$$\mathrm{per}(A) = \sum_{\sigma \in S_n} a_{1\sigma(1)} \cdots a_{n\sigma(n)}.$$

行列式の定義と並べてみると，

$$\det(A) = \sum_{\sigma \in S_n} (\mathrm{sgn}\sigma) a_{1\sigma(1)} \cdots a_{n\sigma(n)}.$$

符号をすべて除いたものであることがわかる．

行列式と同様 permanent に関しても多くの研究がされているが，教科書として H.Minc の "*Permanent*" がある．この中でファン・デル・ヴェルデンの予想は 1 章をとって説明されている．

$$\Omega_n = \left\{ n \text{ 次の行列で成分 } a_{ij} \geq 0 \text{ で} \sum_i a_{ij} = 1, \sum_j a_{ij} = 1 \right\}$$

J_n はすべての成分 $a_{ij} = \dfrac{1}{n}$ の行列．

このとき予想は

$$\text{もし } S \in \Omega_n, \text{ なら } \mathrm{per}(S) \geq \frac{n!}{n^n}$$

で等号は $S = J_n$ のときにのみ成立．

定理（1980 年，G.P.Egoryĉev）：

もし $A \in \Omega_n$，任意の $S \in \Omega_n$ で $\mathrm{per}(S) \geq \mathrm{per}(A)$

ならば $A = J_n$．

定理（1981 年，D.I.Falikman）：

もし $S \in \Omega_n$，なら $\mathrm{per}(S) \geq \mathrm{per}(J_n)$ が成立する．

2 人ともロシア人だが，投稿した雑誌が違い，しかも出版されるまでに時間がかかったのでお互いにまったく知らずに別な方法で証明した．

第 3 章

凸数列・凸関数

　算術平均・幾何平均の不等式に関するいくつかの証明でも曲線の凹凸の性質を利用した．それらを一般化した凸関数のイエンゼンの不等式を証明する．数列でも同じものを考えることができる．基本的な不等式であるベルヌーイの不等式を証明する．

3.1 凸数列

定義 3.1

実数列 $\{a_n\}, n = 1, 2, \ldots$ に対して

$$a_{n+2} + a_n \geq 2a_{n+1},$$

が成り立つとき凸数列という.

例題 3.2

$\{a_n\}$ は凸数列で,$a_0 = 0, a_1 \geq 0$ のとき $\dfrac{a_{n+1}}{n+1} \geq \dfrac{a_n}{n}$ を示せ.

[解答] $a_{k+1} - a_k = b_k$ とおけば

$$a_n = b_0 + b_1 + \cdots + b_{n-1}, \quad \text{ただし } b_0 = a_1 \geq 0.$$

これを $a_{n+2} + a_n - 2a_{n+1} \geq 0$ に代入すると $b_{n+1} \geq b_n$ となる. これより

$$
\begin{aligned}
na_{n+1} - (n+1)a_n &= n(b_0 + b_1 + \cdots + b_n) \\
&\quad -(n+1)(b_0 + b_1 + \cdots + b_{n-1}) \\
&= nb_n - (b_0 + b_1 + \cdots + b_{n-1}) \geq 0.
\end{aligned}
$$

したがって

$$\dfrac{a_{n+1}}{n+1} \geq \dfrac{a_n}{n}.$$

定義 3.3

正の実数列 $\{a_n\}$ に対して $\{\log a_n\}$ が凸数列のとき元の数列

$\{a_n\}$ を対数凸数列という，すなわち

$$a_{n+2}a_n \geq a_{n+1}^2$$

が成り立つ．

初期値が $\beta_0 = 1, \beta_1 = 1$ で与えられる数列で次の漸化式

$$\beta_k = k\left(\frac{\pi}{2}\right)^{k-1} - k(k-1)\beta_{k-2}$$

を満たすとき，

$$\beta_{k-1}\beta_{k+1} \geq \beta_k^2$$

が成り立つことを帰納法で証明するのは大変そうである．実はこれは一般的な次の問 3.4 の $f(x) = \sin x$ とした場合である．

問 3.4

区間 $[a,b]$ において $f(x) > 0$ のとき $\beta_k = \int_a^b x^k f(x)dx$ とおけば β_k は対数凸数列である．

ヒント：2 次関数の判別式が使える形にする．

定理 3.5

$A_n = \dfrac{1}{n}\sum_{k=1}^n a_k, B_n = A_{n+1} - 2A_n + A_{n-1}$ とおくとき．数列 $\{a_n\}$ が凸数列なら次が成り立つ．

(1) $B_n \geq \dfrac{n-2}{n+1}B_{n-1}, \quad (n = 2, 3, \cdots)$

(2) $\{A_n\}$ は凸数列．

[証明] (1) A_n の定義より $(n-1)A_{n-1} = nA_n - a_n$ と $(n+1)A_{n+1} = nA_n + a_{n+1}$ だから

$$B_n = \frac{nA_n - a_n}{n-1} + \frac{nA_n + a_{n+1}}{n+1} - 2A_n$$
$$= \frac{1}{(n-1)(n+1)}(2A_n - (n+1)a_n + (n-1)a_{n+1}) \quad (3.1)$$
$$\geq \frac{1}{(n-1)(n+1)}\left(2\frac{(n-1)A_{n-1} + a_n}{n} - (n+1)a_n\right.$$
$$\left. + (n-1)(2a_n - a_{n-1})\right)$$
$$= \frac{1}{(n+1)n}(2A_{n-1} - na_{n-1} + (n-2)a_n)$$

(3.1) から
$$B_{n-1} = \frac{1}{(n-2)n}\left(2A_{n-1} - na_{n-1} + (n-2)a_n\right).$$

したがって
$$B_n \geq \frac{n-2}{n+1} B_{n-1}. \qquad (3.2)$$

(2) n に関する数学的帰納法による.
$$B_2 = A_1 + A_3 - 2A_2 = \frac{1}{3}(a_1 + a_3 - 2a_2) \geq 0.$$

(3.2) を繰り返し用いれば
$$B_n \geq \frac{2 \cdot 3}{n(n^2 - 1)} B_2.$$

よって, $\{A_n\}$ は凸数列. □

例題 3.6

数列 $a_1, \cdots, a_{2n+1}$ が凸数列のとき $n \geq 1$ に対して次の不等式が成り立つことを示せ.
$$\frac{a_1 + a_3 + \cdots + a_{2n+1}}{n+1} \geq \frac{a_2 + a_4 + \cdots + a_{2n}}{n},$$

等号は a_k が算術数列のときに成立.

[解答] $k = 1, 2, \cdots, 2n-1$ に対して $a_k + a_{k+2} \geq 2a_{k+1}$. すると
$$k(n-k+1)(a_{2k-1} - 2a_{2k} + a_{2k+1}) \geq 0, \quad k = 1, \cdots, n$$
$$k(n-k)(a_{2k} - 2a_{2k+1} + a_{2k+2}) \geq 0, \quad k = 1, \cdots, n-1$$
が成り立つ．これらをすべて加えると求める不等式が得られる．

等号は $a_k + a_{k+2} = 2a_{k+1}$ より $a_{k+1} - a_k = a_{k+2} - a_{k+1} = d$ となり，a_k は公差が d の算術数列である．

例題 3.7

$x > 0$ なら $\dfrac{1 + x^2 + x^4 + \cdots + x^{2n}}{x + x^3 + \cdots + x^{2n-1}} \geq \dfrac{n+1}{n}$ が成り立つことを示せ．等号は $x = 1$ のときに限って成り立つ．

[解答] $a_k = x^{k-1}$ とおけば a_k は凸数列なので例題 3.6 を使えばただちに得られる（注：もう少し精度の良い不等式もある）．

$x \neq 1$ で $x > 0$ に対して
$$\frac{1 + x^2 + x^4 + \cdots + x^{2n}}{x + x^3 + \cdots + x^{2n-1}} \geq \frac{n+1}{n} + \left(\sqrt{x} - \frac{1}{\sqrt{x}}\right)^2.$$

定理 3.8

$a_i > 0, a_i \neq a_j (i \neq j)$ のとき，
$$(x + a_1) \cdots (x + a_n) = x^n + \binom{n}{1} p_1 x^{n-1} + \cdots + \binom{n}{n} p_n$$
とおくと，
$$p_{r-1} p_{r+1} < p_r^2, \quad (1 \leq r < n).$$

[証明] 数学的帰納法による.

$n = 3$ の場合は,
$$x^3 + 3p_1 x^2 + 3p_2 x + p_3 = (x + a_1)(x + a_2)(x + a_3)$$
より
$$3p_1 = a_1 + a_2 + a_3, 3p_2 = a_1 a_2 + a_2 a_3 + a_3 a_1, p_3 = a_1 a_2 a_3.$$
したがって
$$(3p_2)^2 - 3(3p_1)p_3$$
$$= \frac{1}{2}(a_1 a_2 - a_2 a_3)^2 + \frac{1}{2}(a_1 a_2 - a_1 a_3)^2 + \frac{1}{2}(a_2 a_3 - a_1 a_3)^2 > 0.$$

$(n-1)$ 個の $a_1, a_2, \cdots, a_{n-1}$ について不等式が成立していると仮定する.

$$x^n + \binom{n}{1} p_1 x^{n-1} + \cdots + \binom{n}{r} p_r x^{n-r} + \cdots + p_n$$
$$= \left[x^{n-1} + \cdots + \binom{n-1}{r-1} p'_{r-1} x^{n-r} + \cdots + p'_{n-1} \right] (x + a_n).$$

x^{n-r} の係数を比べて,
$$p_r = \frac{n-r}{n} p'_r + \frac{r}{n} a_n p'_{r-1}.$$
これから
$$n^2 (p_{r-1} p_{r+1} - p_r^2) = A + B a_n + C a_n^2,$$
ここで

$$A = ((n-r)^2 - 1) p'_{r-1} p'_{r+1} - (n-r)^2 p'^2_r,$$
$$B = (n-r+1)(r+1) p'_{r-1} p'_r$$
$$+ (n-r-1)(r-1) p'_{r-2} p'_{r+1} - 2r(n-r) p'_{r-1} p'_r,$$
$$C = (r^2 - 1) p'_{r-2} p'_r - r^2 p'^2_{r-1}.$$

仮定から,

$$p'_{r-1} p'_{r+1} < p'^2_r, \quad p'_{r-2} p'_r < p'^2_{r-1}, \quad p'_{r-2} p'_{r+1} < p'_{r-1} p'_r.$$

したがって

$$A < -p'^2_r, \quad B < 2 p'_{r-1} p'_r, \quad C < -p'^2_{r-1}.$$

これらを $A + B a_n + C a_n^2$ に代入すると

$$n^2 (p_{r-1} p_{r+1} - p_r^2) < -(p'_r - a_n p'_{r-1})^2 \leq 0.$$

よって

$$p_{r-1} p_{r+1} < p_r^2$$

が示された. □

3.2 凸関数

定義 3.9

任意の x, y について $x, y \in [a, b], \lambda \in [0, 1]$ とする. このとき

$$f(\lambda x + (1-\lambda) y) \leq \lambda f(x) + (1-\lambda) f(y)$$

を満たすとき $f(x)$ を区間 $[a, b]$ で凸という.

この定義で $\lambda = \dfrac{1}{2}$ をとると
$$f\left(\frac{x+y}{2}\right) \leq \frac{f(x)+f(y)}{2}. \quad (\text{図 3-1}) \tag{3.3}$$

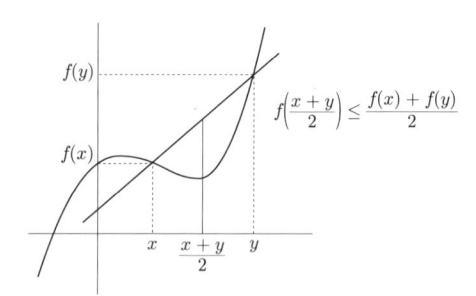

図 3-1

$f(x)$ は区間 $[0,1]$ で連続で $f(0) = 0$ とする．(3.3) から一般の凸性を示すことができる．

[証明] $y = 0$ とおくと，$f\left(\dfrac{x}{2}\right) \leq \dfrac{f(x)}{2}$．繰り返して使うと

$$f\left(\frac{x_1}{2} + \frac{x_2}{2^2}\right) \leq f\left(\frac{x_1 + \frac{x_2}{2}}{2}\right) \leq \frac{f(x_1) + f\left(\frac{x_2}{2}\right)}{2}$$
$$\leq \frac{f(x_1)}{2} + \frac{\frac{f(x_2)}{2}}{2} = \frac{f(x_1)}{2} + \frac{f(x_2)}{2^2}$$

帰納法を使うと自然数 n と $x_1, x_2, \cdots, x_n$ に対して次の不等式が証明できる．

$$f\left(\sum_{i=1}^{n} \frac{x_i}{2^i}\right) \leq \sum_{i=1}^{n} \frac{f(x_i)}{2^i}.$$

一方，$[0,1] \ni \lambda$ を 2 進数展開すると

$$\lambda = \sum_{i=1}^{\infty} \frac{\lambda_i}{2^i}, \quad \lambda_i \in \{0,1\}.$$

よって

$$f(\lambda x + (1-\lambda)y) = f\left(\sum_{i=1}^{\infty} \frac{\lambda_i x + (1-\lambda_i)y}{2^i}\right)$$

$$\leq \sum_{i=1}^{\infty} \frac{1}{2^i} f(\lambda_i x + (1-\lambda_i)y)$$

$$= \sum_{i=1}^{\infty} \frac{\lambda_i f(x) + (1-\lambda_i)f(y)}{2^i}$$

$$= \lambda f(x) + (1-\lambda)f(y)$$

よって，一般の凸性が分かる． □

定理 2.17 と定義 3.9 の関係は同値である．

定理 3.10

$f(x)$ が区間 (a,b) で2回微分可能で区間 (a,b) の各点において $f''(x) > 0$ であることは，定義 3.9 の凸性の必要十分条件である．

定理 3.11　イエンゼンの不等式

$f(x)$ が (a,b) で凸関数で $a < x_i < b$，$(i = 1, \cdots, n)$ ならば，$p_i > 0, \sum_{i=1}^{n} p_i = 1$ に対して以下が成り立つ．

$$p_1 f(x_1) + \cdots + p_n f(x_n) \geq f(p_1 x_1 + \cdots + p_n x_n).$$

等号はすべての x_i が等しいときに限る．

[証明] $\sum p_i x_i = X$ とおけば，$a < X < b$ である．$f(x_i)$ に定理 2.12 を適用すれば x_i と X の間に c_i が存在して，

$$f(x_i) = f(X) + (x_i - X)f'(X) + \frac{(x_i - X)^2}{2!}f''(c_i)$$

が成り立つ．$f''(x) \geq 0$ より

$$f(x_i) - f(X) \geq (x_i - X)f'(X) \tag{3.4}$$

(3.4) の両辺に p_i をかけて，$i = 1, \cdots, n$ について加えれば

$$\sum_{i=1}^n p_i f(x_i) - f(X) \sum_{i=1}^n p_i \geq f'(X) \sum_{i=1}^n p_i(x_i - X).$$

右辺の和は $\sum p_i x_i - X \sum p_i = X - X = 0$．よって

$$\sum_{i=1}^n p_i f(x_i) \geq f(X) = f(\sum p_i x_i).$$

等号はすべての $x_i = X$ の時に限る．$f''(x) \leq 0$ ならば不等式は逆向き． □

問 3.12

$x_i > 0$ に対して $(x_1 \cdots x_n)^{\frac{1}{n}} \leq \dfrac{x_1 + \cdots + x_n}{n}$ が成り立つことを証明せよ．この不等式を算術平均・幾何平均の不等式という．詳細は定理 6.1 を参照

例題 3.13

$a_k > 0$ に対して $\prod_{k=1}^n a_k = b^n$ ならば，以下が成り立つことを示せ．

$$\prod_{k=1}^n (1 + a_k) \geq (1 + b)^n$$

[解答] $f(x) = \log(1+e^x)$ とおくと $f'(x) = \dfrac{e^x}{1+e^x}, f''(x) = \dfrac{e^x}{(1+e^x)^2} > 0$. よって $f(x)$ は $(-\infty, +\infty)$ で凸関数. したがって

$$\sum_{k=1}^{n} \log(1+e^{x_k}) \geq n \log\left(1 + \exp\left(\frac{1}{n}\sum x_k\right)\right)$$

x_k を $\log a_k$ とおくと

$$\log \prod_{k=1}^{n}(1+a_k) \geq n \log(1+b).$$

等号は $a_1 = \cdots = a_n$ のときに成り立つ.

同じような不等式で逆のもある.

問 3.14

$a_k > 0$ に対して $\sum_{k=1}^{n} a_k = s$ ならば, 以下が成り立つことを示せ.

$$\prod_{k=1}^{n}(1+a_k) \leq \sum_{k=0}^{n} \frac{s^k}{k!}.$$

問 3.15

$x \geq -1$ に対して不等式 $(1+x)^n \geq 1+nx$ (n は自然数) が成り立つことを示せ.

問 3.15 は自然数 n に対してだがもう少し範囲が広くても成り立つ.

定理 3.16　ベルヌーイの不等式

$x \geq -1$ に対して $\alpha < 0$ あるいは $\alpha > 1$ のとき

$$(1+x)^\alpha \geq 1 + \alpha x$$

となり，また，$0 < \alpha < 1$ のとき

$$(1+x)^\alpha \leq 1 + \alpha x$$

となる．等号は $x = 0$ のときにのみ成立，ただし $\alpha < 0$ のときは $x \neq -1$ とする．

[証明]　$\alpha < 0$ あるいは $\alpha > 1$ のとき：

$$f(x) = 1 + \alpha x - (1+x)^\alpha,$$

とおく．

$$f'(x) = \alpha\Big\{1 - (1+x)^{\alpha-1}\Big\}, \quad f''(x) = \alpha(1-\alpha)(1+x)^{\alpha-2} \leq 0,$$

で $f(0) = f'(0) = 0$ よって $x = 0$ が f の極大値．

$0 < \alpha < 1$ のとき：

$$f''(x) = \alpha(1-\alpha)(1+x)^{\alpha-2} \geq 0.$$

したがって不等号の向きが逆になる．　□

少し別の関数から出発してもよい．$f(x) = x^\alpha$ とおく．この関数は α の値によって増加・減少が変化する．

　$\alpha > 1$ のときは単調増加な凸関数

　$0 < \alpha < 1$ のときは単調増加な凹関数

　$\alpha < 0$ のときは単調減少な凸関数

いずれの場合でも点 $(1,1)$ を通り $f'(x) = \alpha x^{\alpha-1}$ より接線の傾きは α である（図 3-2）．したがって接線の方程式は

$$y = \alpha(x-1) + 1.$$

凸関数の性質より，$x > 0$ のとき

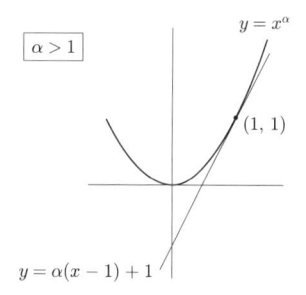

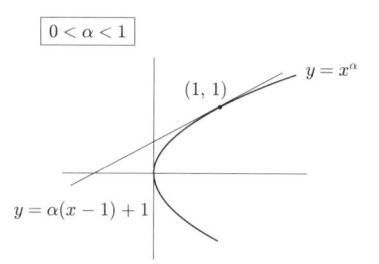

図 **3-2**

$$x^\alpha - \alpha x + \alpha - 1 \geq 0 \quad (\text{ただし, } \alpha > 1 \text{ または } \alpha < 0)$$
$$x^\alpha - \alpha x + \alpha - 1 \leq 0 \quad (\text{ただし, } 0 < \alpha < 1)$$

x の代わりに $1 + x$ を代入すれば定理 3.16 である．

問 3.17

$a, b, \alpha, \beta > 0$ で $\alpha + \beta = 1$ ならば $a^\alpha b^\beta \leq \alpha a + \beta b$ が成り立つことを示せ．

等号は $a = b$ のときのみ成立．

問 3.18

$x_i \geq 0 \, (i = 1, 2, \cdots, n)$ に対して次の不等式が成り立つことを示せ．

$$\prod_{i=1}^{n}(1 + x_i) \geq 1 + \sum_{i=1}^{n} x_i.$$

問 3.19

$k \geq 2$ に対して $c(k) = \left(1 + \dfrac{1}{k}\right)^k$ とおく．このとき，次を示せ．

(1) $c(k) > 2$.
(2) $1 < \dfrac{c(k+1)}{c(k)} < 1 + \dfrac{1}{k^2 + 2k}$.

例題 3.20

$f(x) = x^\alpha - kx$ の最小値を求めよ．ただし $k > 0, x \geq 0$, $\alpha > 1$.

[解答] 少し不自然だが微分を使わずにベルヌーイの不等式を使ってみる．

$$(1+x)^\alpha \geq 1 + \alpha x.$$

$1 + x = y$ と置き換えると，

$$y^\alpha \geq 1 + \alpha(y-1).$$

この両辺に c^α をかけて問題の式になるようにする．

$$(cy)^\alpha - \alpha c^{\alpha-1}(cy) \geq (1-\alpha)c^\alpha, y \geq 0.$$

ここで $z = cy, \alpha c^{\alpha-1} = k$ とおけば

$$z^\alpha - kz \geq (1-\alpha)\left(\frac{k}{\alpha}\right)^{\frac{\alpha}{\alpha-1}},$$

等号は $x = c = \left(\dfrac{k}{\alpha}\right)^{\frac{1}{\alpha-1}}$ のときだけ成り立つ．

次の問 3.21 の解法と比較すると色々な活躍の場があることがわかる．

問 3.21

$f(x) = x^\alpha - kx$ の最小値を微分して増減表から求めよ．ただし $k > 0, x \geq 0, \alpha > 1$.

第4章

三角形に関する不等式

　図形に関する不等式は多いが，その中でも三角形に関しては多くの本が出ている．ここでは主にレムスの不等式とエルデスの不等式を取り上げた．多くの不等式は辺の長さ，角度，面積が関係している．レムスの不等式は辺だけに関するもので，証明もたくさん知られている，また一般化もされている．

　エルデスの不等式では少し感じが違い，三角形の内点との距離が主役である．証明はこちらも色々知られているが，ここでは３つを紹介する．D.K.カザリノフの証明はパップスの定理を使うもので，最初は辺の長さが出ているが，算術・幾何平均の不等式を使って辺の長さが消える様子が分かる．なおパップスの名前が付いた定理はたくさんあるが，ここではピタゴラスの定理の一般化したものである．

4.1 辺に関する簡単な不等式

三角形の辺に関する誰もが経験的に知っていることは，どこかに出かけるとき寄り道しないで真直ぐ行くほうが近いということ．

もう少し数学的には"三角形の二辺の和は他の一辺より長い"で，三辺の長さを a, b, c とするとき次の不等式が成り立つことである．

$$a + b > c \quad (三角不等式)$$

等号は書いていないが，等号は三角形がくずれて直線になるときである．

a, b, c に関してこの１つだけの不等式で三角形ができるかというと，次の例が示すように無理である．

$a = 3, b = 2, c = 7$ では二つの不等式が成り立っているが，これでは三角形はできない．すなわち

$$a + b > c, \quad b + c > a, \quad c + a > b$$

とすべての辺について三角不等式が成り立つ必要がある．

ユークリッドの「幾何学原論」ではこの事実を証明している．

定理 4.1 **ユークリッド「幾何学原論」第 1 巻命題 20**
すべての三角形においてどの２辺をとってもその和は残りの辺より大きい（図 4-1）．

[証明] $AB + AC > BC$ を示す．その他の場合も同様である．

$AD = AC$ となるように AB 上に D をとる（図 4-2）．$\triangle ACD$ は二等辺三角形だから $\angle ACD = \angle ADC$．したがって $\angle BCD > \angle ACD = \angle ADC$．

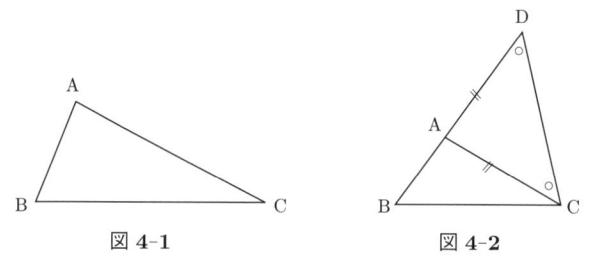

このひとつ前の命題 19 は「すべての三角形において大きい角には大きい辺が対応する」である.

これより BD > BC, 一方, BD = AB + AD = AB + AC. よって AB + AC > BC. □

例題 4.2

三角形の辺の長さを a, b, c とする. このとき次の不等式が成り立つことを示せ.

$$3(ab + bc + ca) \leq (a+b+c)^2 < 4(ab + bc + ca) \quad (4.1)$$

左辺の等号は $a = b = c$, すなわち, 正三角形の場合である.

[解答] $a^2 + b^2 \geq 2ab$, $b^2 + c^2 \geq 2bc$, $c^2 + a^2 \geq 2ac$ の3つの不等式を加える.

$$2(a^2 + b^2 + c^2) \geq 2(ab + bc + ca)$$

両辺に $4(ab + bc + ca)$ をたすと

$$6(ab + bc + ca) \leq 2(a+b+c)^2.$$

よって

$$3(ab + bc + ca) \leq (a+b+c)^2.$$

ただし等号は $a=b=c$ のときである．

右側の不等式は，a,b,c は三角形の辺の長さだから

$$|a-b|<c, |b-c|<a, |c-a|<b.$$

すなわち，

$$(a-b)^2<c^2, \ (b-c)^2<a^2, \ (c-a)^2<b^2.$$

これらを加えると

$$a^2+b^2+c^2<2(ab+bc+ca)$$

となり，変形すれば

$$(a+b+c)^2<4(ab+bc+ca).$$

問 4.3

三角形の三つの辺を a,b,c とすると次の不等式が成り立つことを示せ．

$$\frac{3}{2} \leq \frac{a}{b+c}+\frac{b}{c+a}+\frac{c}{a+b}<2 \tag{4.2}$$

等号は $a=b=c$ のときに成り立つ．

△ABC に対して高校で余弦定理を習ったが，そこから簡単な不等式が得られる（図 4-3）．

図 4-3

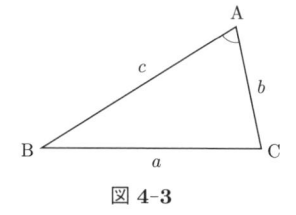

$$a^2 = b^2 + c^2 - 2bc\cos\angle A$$

から

$$\cos\angle A = \frac{b^2 + c^2 - a^2}{2bc}.$$

したがって

$$-2bc \leq b^2 + c^2 - a^2 \leq 2bc. \tag{4.3}$$

逆に a, b, c が三角形の三辺ならば (4.3) が成り立つことを直接示すことができる．右辺は

$$b^2 + c^2 - a^2 - 2bc = (b-c)^2 - a^2$$
$$= (b-c-a)(b-c+a) \leq 0.$$

左辺は

$$b^2 + c^2 - a^2 + 2bc = (b+c)^2 - a^2$$
$$= (b+c-a)(b+c+a) \geq 0,$$

ここでは等号は三角形がつぶれた形のときに起こる．$\cos\angle A = \pm 1$ が (4.3) の等号の成り立つ場合で，$\angle A$ が 0 か π なのでやはり三角形はつぶれた形である．$\angle A = \dfrac{\pi}{2}$ ならば余弦定理はピタゴラスの定理である．

4.2 レムスの不等式と一般化

レムス（Lehmus）は 1820 年に次の不等式を証明した．

定理 4.4　レムスの不等式

a, b, c は三角形の辺の長さとする．このとき

$$abc \geq (a+b-c)(b+c-a)(c+a-b)$$

が成り立つ．等号は $a = b = c$ のときに限る．

[証明] 証明 1（レムス）．不等式の対称性に注目して，$c \geq b \geq a$ としても一般性を失わない．ここで $m = b - a \geq 0, n = c - b \geq 0$ とおく．m と n に置き換えてもそれほどよいことが起こりそうもないが，強引に式を変形する．

$$\begin{aligned}
&abc - (a+b-c)(b+c-a)(c+a-b) \\
&= a^3 + 2a^2m + a^2n + am^2 + amn \\
&\quad - (a^3 + 2a^2m + a^2n - an^2 - 2mn^2 - n^3) \\
&= am^2 + (a+2n)mn + (a+n)n^2 \geq 0
\end{aligned}$$ □

証明 2．差をとって変形すると

$$\begin{aligned}
&abc - (a+b-c)(b+c-a)(c+a-b) \\
&= a(a-b)(a-c) + b(b-c)(b-a) + c(c-a)(c-b) \geq 0.
\end{aligned}$$

これは例題 1.14 のシューアの不等式である．□

証明 3（ペアノ，1902 年）．巧妙に式の変形をする

$$2\{abc - (a+b-c)(b+c-a)(c+a-b)\}$$
$$= (b+c-a)(b-c)^2 + (c+a-b)(c-a)^2$$
$$+(a+b-c)(a-b)^2 \geq 0.$$
□

証明 4. 少し置き換えるだけで簡単な問題に帰着する．

$$b+c-a = 2x, \quad c+a-b = 2y, \quad a+b-c = 2z$$

すなわち

$$a = y+z, \quad b = z+x, \quad c = x+y.$$

すると問題の不等式は

$$\frac{(y+z)}{2}\frac{(z+x)}{2}\frac{(x+y)}{2} \geq xyz = \sqrt{yz}\sqrt{zx}\sqrt{xy}$$

となり，これは算術・幾何平均の不等式そのものである． □

証明 2,3,4 の流れには不自然さが感じられない．しかし，最初に証明をしたのはレムスである．

定理 4.4 をみると左辺も右辺も a, b, c に関して 3 次の対称式であることがわかる．または x, y, z の言葉で表せば証明 4 より

$$x^2y + xy^2 + y^2z + yz^2 + z^2x + zx^2 - 6xyz \geq 0$$

で x, y, z の 3 次の対称式である．

では同じような不等式で同次式の次数が違うものはどうだろうか．記号は証明 4 と同じとする．これら $x, y, z > 0$ に関して基本対称式は次の 3 つである．

$$x+y+z \left(=\sum x\right), \quad xy+yz+zx \left(=\sum yz\right), \quad xyz$$

また対称式の記号を

$$x^2+y^2+z^2(=\sum x^2), \quad x^3+y^3+z^3(=\sum x^3),$$
$$x^2y+xy^2+\cdots(=\sum y^2z)$$

とする．レムスの不等式を x,y,z で表し，さらに基本対称式で書けば

$$\sum y^2z - 2\cdot 3xyz = \left(\sum x\right)\left(\sum yz\right) - 9xyz$$

となる．

3 次以下の対称な多項式 $\mathrm{P}_n(x,y,z)$ を考え，$\mathrm{P}_n(x,y,z)$ がゼロより大きい条件を考える．

$n=1$ の場合：$\mathrm{P}_1(x,y,z) = \lambda \sum x$ と書けるからこれより $\lambda \geq 0$ なら $\mathrm{P}_1(x,y,z) \geq 0$．

定理 4.5

($n=2$) 任意の実数 $x,y,z > 0$ に対して

$$\lambda \sum x^2 + \mu \sum yz \geq 0$$

が成り立つための必要十分条件は $\lambda \geq 0, \lambda + \mu \geq 0$ である．

[証明] 2 次の多項式は $\mathrm{P}_2(x,y,z) = \lambda \sum x^2 + \mu \sum yz$ と書ける．$\mathrm{P}_2(x,y,z) \geq 0$ と仮定する．これより $\mathrm{P}_2(1,0,0) = \lambda \geq 0$．また $\mathrm{P}_2(1,1,1) = 3\lambda + 3\mu \geq 0$．ここで $\lambda + \mu = \xi$ とおくと $\mu = -\lambda + \xi$．これらをまとめると

$$\lambda(\sum x^2 - \sum yz) + \xi \sum yz.$$

逆に

$$\sum x^2 - \sum yz = \frac{1}{2}\sum (y-z)^2 \geq 0$$

で $\sum yz > 0$ より $\mathrm{P}_2(x,y,z) \geq 0$. □

定理 4.6

($n=3$) 任意の実数 $x, y, z \geq 0$ に対して

$$\lambda \sum x^3 + \mu \sum x^2 y + \nu 3xyz \geq 0 \tag{4.4}$$

となる．必要十分条件は

$$\lambda \geq 0, \quad \lambda + \mu \geq 0, \quad \lambda + 2\mu + \nu \geq 0. \tag{4.5}$$

[証明]　(4.4) が成立していると仮定する．$x=1$, $y=z=0$ とおけば $\lambda \geq 0$．

次に $x=0$, $y=z=1$ とおくと $2\lambda + 2\mu \geq 0$. よって $\lambda + \mu = \xi$ とおくと $\xi \geq 0$.

さらに $x=y=z=1$ とおくと $3\lambda + 6\mu + 3\nu \geq 0$, 今度は $\lambda + 2\mu + \nu = \eta$ とおけば $\eta \geq 0$.

これらをまとめると

$$\mu = -\lambda + \xi, \quad \nu = \lambda - 2\xi + \eta.$$

だから

$$\lambda \left(\sum (x^3) - \sum (x^2 y) + 3xyz \right)$$
$$+ \xi \left(\sum (x^2 y) - 2 \cdot 3xyz \right) + \eta \left(3xyz \right) \geq 0.$$

逆に条件 (4.5) を満たしているとする．$x \geq y \geq z$ としても一般性を失わない．

$$\sum(x^3) - \sum(x^2 y) + 3xyz$$
$$= x(x-y)^2 + z(y-z)^2 + (x-y)(x-z)(x-y+z),$$
$$\sum(x^2 y) - 6xyz = \sum x(y-z)^2$$

だから

$$\begin{cases} \sum(x^3) - \sum(x^2 y) + 3xyz \geq 0, \\ \sum(x^2 y) - 6xyz \geq 0, \\ 3xyz \geq 0. \end{cases}$$

これから $\lambda \geq 0, \xi \geq 0, \eta \geq 0$ ならば (4.4) は任意の $x, y, z \geq 0$ に対して成り立つ. □

レムスの不等式は定理 4.6 の $\lambda = 0, \mu = -2, \nu = 1$ の場合である. $n \geq 4$ になると必要十分条件はだんだん複雑になってくる.

例題 4.7

AB を斜辺とする直角三角形 ABC がある. 辺 AC 上に, 頂点 A, C と異なる任意の点 P をとるとき次の不等式が成り立つことを示せ. (1985 年のお茶の水女子大学入試問題)

$$\frac{AB - BP}{AP} > \frac{AB - BC}{AC} \tag{4.6}$$

[解答] 与えられた三角形の $\angle A$ を α, $\angle ABP$ を x とおく (図 4-4). 正弦定理より

$$\frac{AB}{\sin(\pi - x - \alpha)} = \frac{BP}{\sin \alpha} = \frac{AP}{\sin x} = 2R,$$

ここで R は三角形 ABC の外接円の半径.

これより $AB = 2R \sin(\alpha + x), BP = 2R \sin \alpha, AP = 2R \sin x$ が得られる.

図 4-4

$$\frac{\mathrm{AB}-\mathrm{BP}}{\mathrm{AP}} = \frac{\sin\alpha\cos x + \cos\alpha\sin x - \sin\alpha}{\sin x}$$
$$= \cos\alpha + \frac{\sin\alpha\cos x - \sin\alpha}{\sin x}$$
$$= \frac{(\cos x - 1)\sin\alpha}{\sin x} + \cos\alpha$$
$$= \cos\alpha - \sin\alpha\cdot\tan\frac{x}{2}.$$

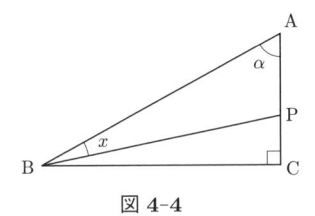

$\tan\dfrac{x}{2}$ は $0 < x < \angle\mathrm{ABC} < \dfrac{\pi}{2}$ で増加関数だから，$-\tan\dfrac{x}{2}$ は減少関数．したがって x が増加するほど $\dfrac{\mathrm{AB}-\mathrm{BP}}{\mathrm{AP}}$ は小さくなる．

問 4.8

$a, b, c > 0$ がある三角形の辺である必要十分条件は次の不等式が成り立つことであることを示せ．

$$(a^2 + b^2 + c^2)^2 > 2(a^4 + b^4 + c^4).$$

3 次方程式には解が 3 個あり，それらが三角形の三辺になる条件は昔からよく知られている．

定理 4.9

実数の係数 p, q, r に対して，3 次方程式

$$t^3 + pt^2 + qt + r = 0 \qquad (4.7)$$

が実数の解 t_1, t_2, t_3 を持つ必要十分条件は

$$p^2q^2 + 18pqr - 4q^3 - 4p^3r - 27r^2 \geq 0. \tag{4.8}$$

[証明] 解と係数の関係を使えば少し大変だが次の等式が成り立つことが分かる．

$$(t_1-t_2)^2(t_2-t_3)^2(t_3-t_1)^2 = p^2q^2 + 18pqr - 4q^3 - 4p^3r - 27r^2. \tag{4.9}$$

もし3つの解が実数ならば不等式は明らかである．また t_1 が実数で残りの2つが複素数 $(t_2 = a+bi, t_3 = a-bi, b \neq 0)$ だとする．

$$(t_1-t_2)(t_2-t_3)(t_3-t_1) = -2bi((t_1-a)^2 + b^2),$$

したがって平方すると負になる． □

(4.9) の左辺を3次方程式の判別式といい，3次の代数体の重要な指標である．

定理 4.10

3次方程式 (4.7) が正の解を持つ必要十分条件は (4.8) と

$$p < 0, \quad q > 0, \quad r < 0 \tag{4.10}$$

である．

[証明] もし解が正ならば解と係数の関係より (4.10) が成立，また解は実数だから (4.8) も明らか．

逆にもし p, q, r が (4.10) を満たせば定理 4.9 より (4.7) の解は実数．次に $t_1 \leq 0$ と仮定すると (4.10) より $t_1^3 + pt_1^2 + qt_1 + r < 0$ となり矛盾． □

定理 4.11

3次方程式 (4.7) の解 t_1, t_2, t_3 が三角形の辺であるための必要十分条件は (4.8), (4.10) と以下の式である.

$$p^3 - 4pq + 8r > 0 \qquad (4.11)$$

[証明] 解と係数の関係より

$$(t_1 + t_2 - t_3)(t_1 - t_2 + t_3)(-t_1 + t_2 + t_3) = p^3 - 4pq + 8r.$$

したがって (4.11) が成立, 三角形の辺は実数で正だから (4.8), (4.10) も成り立つ. 逆に $t_1 + t_2 - t_3 > 0$ で $t_1 - t_2 + t_3 < 0$, $-t_1 + t_2 + t_3 < 0$ ならば $t_3 < 0$ で矛盾. すなわち左辺の3つの項はすべて正である. □

4.3 エルデスの不等式

補題 4.12　パップスの定理

△ABC の各辺 AB, AC 上に任意に平行四辺形 ABDE, ACFG をつくり, DE と FG との交点を H とする. BC 上に AH に等しく, 平行な長さ BL をもつ平行四辺形 BLMC を作れば, 平行四辺形 ABDE ＋ 平行四辺形 ACFG ＝ 平行四辺形 BLMC.

[証明] LB と DE との交点を P, MC と FG との交点を Q とすれば (図 4-5),

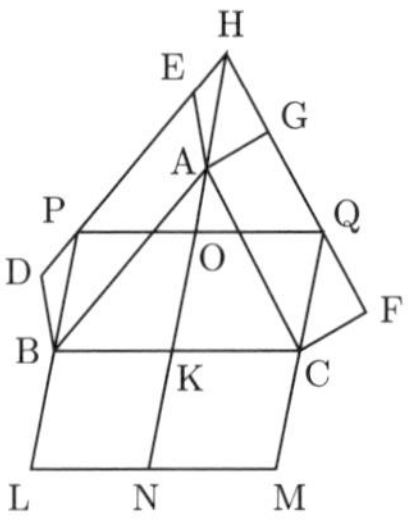

図 4-5

平行四辺形 BLNK = 平行四辺形 PBKO
$\qquad$ = 平行四辺形 PBAH = 平行四辺形 DBAE.

同様にして

$$\text{平行四辺形 KNMC} = \text{平行四辺形 ACFG}.$$

したがって

$$\text{平行四辺形 DBAE} + \text{平行四辺形 ACFG} = \text{平行四辺形 BLMC}.$$
□

定理 4.13　エルデスの不等式

△ABC において，その内部の点 P より 3 辺に下ろした垂線の長さを p_1, p_2, p_3，また $AP = R_1, BP = R_2, CP = R_3$ とすると，以下が成り立つ．

$$R_1 + R_2 + R_3 \geq 2(p_1 + p_2 + p_3).$$

等号が成立するのは，△ABC が正三角形で P がその中心であるときである．

[証明]　証明 1．△ABC の外接円の中心に点 O をとる．△ABC の ∠A の二等分線を引き，△ABC を二等分線に関して対称な三角形

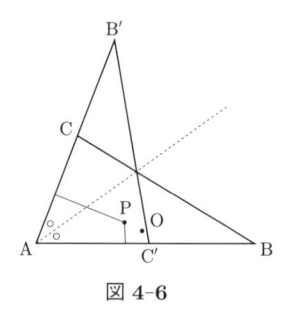

を $\triangle AB'C'$ とする(図4-6).OA と $B'C'$ が直交していることに注意して $\triangle B'AC'$ にパップスの定理を適用する.

$$AP \cdot (\cos \angle PAO) \cdot B'C' = AC'p_3 + AB'p_2$$

または

$$a AP \cdot \cos \angle PAO = bp_3 + cp_2.$$

これより

$$aR_1 \geq bp_3 + cp_2,$$

同様に

$$bR_2 \geq cp_1 + ap_3, \ cR_3 \geq ap_2 + bp_1.$$

したがって

$$R_1 + R_2 + R_3 \geq \left(\frac{c}{b} + \frac{b}{c}\right)p_1 + \left(\frac{a}{c} + \frac{c}{a}\right)p_2 + \left(\frac{b}{a} + \frac{a}{b}\right)p_3.$$

算術・幾何平均の不等式より $\frac{c}{b} + \frac{b}{c} \geq 2\sqrt{\frac{c}{b} \cdot \frac{b}{c}} = 2$ から定理が得られる.

証明2(一松信).余弦定理を使うので高校生にも理解できる(図4-7).新しい角度 α, β, γ を導入する.この角度は非常に巧妙に準備されている.

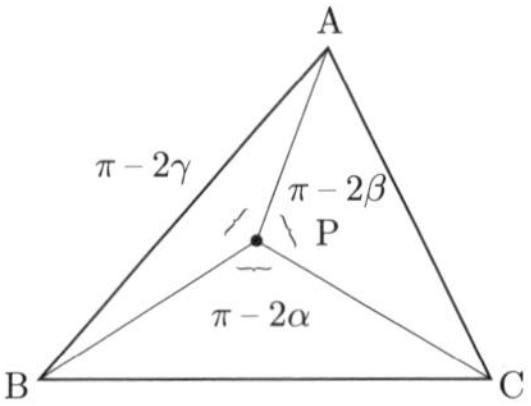

図 **4-7**

$$\angle \mathrm{BPC} = \pi - 2\alpha,\ \ \angle \mathrm{CPA} = \pi - 2\beta,\ \ \angle \mathrm{APB} = \pi - 2\gamma.$$

△BPC に余弦定理を適用すると

$$\begin{aligned} a^2 &= \mathrm{R}_2^2 + \mathrm{R}_3^2 - 2\mathrm{R}_2\mathrm{R}_3\cos(\pi - 2\alpha) \\ &\geq 2\mathrm{R}_2\mathrm{R}_3 + 2\mathrm{R}_2\mathrm{R}_3\cos 2\alpha = 4\mathrm{R}_2\mathrm{R}_3\cos^2\alpha, \end{aligned}$$

すなわち

$$a \geq 2\sqrt{\mathrm{R}_2\mathrm{R}_3}\cos\alpha.$$

等号は $\mathrm{R}_2 = \mathrm{R}_3$ のときにのみ成り立つ．

△BPC の面積を求める．$\triangle\mathrm{BPC} = \dfrac{ap_1}{2}$．これより

$$\begin{aligned} p_1 &= \frac{2\triangle\mathrm{BPC}}{a} = \frac{\mathrm{R}_2\mathrm{R}_3\sin(\pi - 2\alpha)}{a} \leq \frac{\mathrm{R}_2\mathrm{R}_3\sin 2\alpha}{2\sqrt{\mathrm{R}_2\mathrm{R}_3}\cos\alpha} \\ &= \sqrt{\mathrm{R}_2\mathrm{R}_3}\sin\alpha \end{aligned}$$

である．同様に p_2, p_3 も得られるから

$$2(p_1 + p_2 + p_3) \leq 2(\sqrt{\mathrm{R}_2\mathrm{R}_3}\sin\alpha + \sqrt{\mathrm{R}_3\mathrm{R}_1}\sin\beta + \sqrt{\mathrm{R}_1\mathrm{R}_2}\sin\gamma.$$

ただし，等号は $\mathrm{R}_1 = \mathrm{R}_2 = \mathrm{R}_3$ のときに限る．右辺 $\leq \mathrm{R}_1 + \mathrm{R}_2 + \mathrm{R}_3$ を示せばよい．ここで $x = \sqrt{\mathrm{R}_1}, y = \sqrt{\mathrm{R}_2}, z = \sqrt{\mathrm{R}_3}$ とおくと

$$x^2 + y^2 + z^2 - 2xy\sin\gamma - 2yz\sin\alpha - 2zx\sin\beta \geq 0$$

が証明できればよい．x, y, z に関して対称なので，たとえば z に注目すれば 2 次式なので完全平方の形にできるかどうか確かめる．ここで $\alpha + \beta + \gamma = \dfrac{\pi}{2}$ を用いる．

$$x^2 + y^2 + z^2 - 2xy \sin\gamma - 2yz \sin\alpha - 2zx \sin\beta$$
$$= (z - y\sin\alpha - x\sin\beta)^2 + (x\cos\beta - y\cos\alpha)^2 \geq 0$$

この場合はうまくいったが，完全平方にならなかったらどうするか，そのときは別な方法で挑戦する．何回か置き換えているときは等号には注意が必要である．

証明 3. これも余弦定理を使うが途中の変形が巧妙である（図 4-8）．

△PDE に余弦定理を適用すると

$$\mathrm{DE} = \sqrt{p_1^2 + p_2^2 - 2p_1 p_2 \cos(\pi - \mathrm{C})} = \sqrt{p_1^2 + p_2^2 + 2p_1 p_2 \cos \mathrm{C}}$$
$$= \sqrt{(p_1 \sin \mathrm{B} + p_2 \sin \mathrm{A})^2 + (p_1 \cos \mathrm{B} - p_2 \cos \mathrm{A})^2}$$
$$\geq p_1 \sin \mathrm{B} + p_2 \sin \mathrm{A}.$$

一方

$$\mathrm{R}_3 = \frac{\mathrm{DE}}{\sin \mathrm{C}} \geq \frac{p_1 \sin \mathrm{B} + p_2 \sin \mathrm{A}}{\sin \mathrm{C}},$$

同様に

$$\mathrm{R}_1 \geq \frac{p_3 \sin \mathrm{B} + p_2 \sin \mathrm{C}}{\sin \mathrm{A}},$$
$$\mathrm{R}_2 \geq \frac{p_3 \sin \mathrm{A} + p_1 \sin \mathrm{C}}{\sin \mathrm{B}}.$$

よって

図 4-8

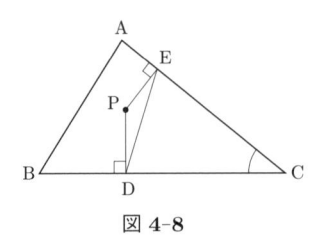

$$R_1 + R_2 + R_3 \geq \frac{p_1 \sin B + p_2 \sin A}{\sin C} + \frac{p_3 \sin B + p_2 \sin C}{\sin A}$$
$$+ \frac{p_3 \sin A + p_1 \sin C}{\sin B}.$$
$$= p_1 \left(\frac{\sin C}{\sin B} + \frac{\sin B}{\sin C} \right) + p_2 \left(\frac{\sin C}{\sin A} + \frac{\sin A}{\sin C} \right)$$
$$+ p_3 \left(\frac{\sin B}{\sin A} + \frac{\sin A}{\sin B} \right)$$
$$\geq 2(p_1 + p_2 + p_3).$$

エルデスの不等式は和に関するものだが，積に関するものは証明が直接的である． □

定理 4.14

定理 4.13 と同じ記号とする．

$$R_1 \cdot R_2 \cdot R_3 \geq (p_1 + p_2)(p_2 + p_3)(p_3 + p_1).$$

[証明] 点 P から 3 辺に下ろした垂線の足を D, E, F，また $\angle BAC = \alpha$ とする．$\triangle EFP$ に余弦定理を適用する．

$$\begin{aligned}
\mathrm{EF}^2 &= p_2^2 + p_3^2 - 2p_2p_3\cos(\pi - \alpha) \\
&= p_2^2 + p_3^2 + 2p_2p_3\cos\alpha \\
&= (p_2+p_3)^2 - 2p_2p_3(1-\cos\alpha) \\
&\geq (p_2+p_3)^2 - \frac{(p_2+p_3)^2}{2}(1-\cos\alpha) \\
&= \frac{(p_2+p_3)^2}{2}(1+\cos\alpha) = (p_2+p_3)^2\cos^2\frac{\alpha}{2}
\end{aligned}$$

したがって

$$\mathrm{EF}^2 \geq (p_2+p_3)^2\cos^2\frac{\alpha}{2}.$$

今度は正弦定理を利用する．$\mathrm{EF} = \mathrm{R}_1\sin\alpha$ より，

$$\mathrm{R}_1\sin\alpha = \mathrm{B}_1\mathrm{C}_1 \geq (p_2+p_3)\cos\frac{\alpha}{2}.$$

したがって

$$2\mathrm{R}_1\sin\frac{\alpha}{2} \geq (p_2+p_3).$$

3つの辺について同様にすると

$$\mathrm{R}_1 \cdot \mathrm{R}_2 \cdot \mathrm{R}_3 \left(8\sin\frac{\alpha}{2} \cdot \sin\frac{\beta}{2} \cdot \sin\frac{\gamma}{2}\right)$$
$$\geq (p_2+p_3)(p_3+p_1)(p_1+p_2).$$

これより

$$\mathrm{R}_1 \cdot \mathrm{R}_2 \cdot \mathrm{R}_3 \geq (p_1+p_2)(p_2+p_3)(p_3+p_1).$$
□

問 4.15

α, β, γ をそれぞれ三角形の内角としたとき，不等式 $8\sin\dfrac{\alpha}{2} \cdot \sin\dfrac{\beta}{2} \cdot \sin\dfrac{\gamma}{2} \leq 1$ が成り立つことを示せ．

問 4.15 は積の形だが，和に関するものもある．

問 4.16

α, β, γ をそれぞれ三角形の内角としたとき，不等式 $\sin\frac{\alpha}{2}+\sin\frac{\beta}{2}+\sin\frac{\gamma}{2} \leq \frac{3}{2}$ が成り立つことを示せ．

sin だけではなく他もある．

問 4.17

α, β, γ をそれぞれ三角形の内角としたとき次の不等式が成り立つことを示せ．

$$\cos\frac{\alpha}{2} + \cos\frac{\beta}{2} + \cos\frac{\gamma}{2} \leq \frac{3\sqrt{3}}{2},$$
$$\cos\frac{\alpha}{2} \cdot \cos\frac{\beta}{2} \cdot \cos\frac{\gamma}{2} \leq \frac{3\sqrt{3}}{8}.$$

問 4.18

α, β, γ をそれぞれ三角形の内角としたとき次の不等式が成り立つことを示せ．

$$\tan\frac{\alpha}{2} + \tan\frac{\beta}{2} + \tan\frac{\gamma}{2} \geq \sqrt{3},$$
$$\tan\frac{\alpha}{2} \cdot \tan\frac{\beta}{2} \cdot \tan\frac{\gamma}{2} \leq \frac{\sqrt{3}}{9}.$$

また定理 4.13 を空間に拡張したものも知られている．証明はパップスの定理を 3 次元に拡張したものを使う．

定理 4.19 N.D. カザリノフ

四面体 $A_1A_2A_3A_4$ において，内部の点 P より $\triangle A_1A_2A_3$ に下ろした垂線の長さを p_4 とする．以下同様に $p_1 \sim p_3$ をとる．このとき

$$A_1P + A_2P + A_3P + A_4P \geq 2\sqrt{2}(p_1 + p_2 + p_3 + p_4).$$

が成り立つ．

定理 4.20

与えられた三角形 $\triangle ABC$ に内接する三角形 $\triangle A'B'C'$ によって，3 つの小さな三角形ができる．周の長さをそれぞれ l_1, l_2, l_3 とする．また，三角形 $\triangle ABC$ の辺の長さを $2a, 2b, 2c$ とすると，次の不等式が成り立つ．

$$\max(l_1, l_2, l_3) \geq a + b + c.$$

等号は A', B', C' が各辺の中点のときである．

[証明]　あまりきれいな証明ではないが計算で頑張る．P,Q,R は各辺の中点とする．

$A'P = x, B'Q = y, C'R = z$ とし，$RQ = a', PR = b', QP = c'$ とする（図 4-9）．

$$CA' + CB' + A'B' < a + b + c$$
$$AB' + AC' + B'C' < a + b + c$$
$$BC' + BA' + C'A' < a + b + c$$

と仮定する．

最初の不等式だけを考える．$CA' = a + x$, $CB' = b - y$ だから $(a+x) + (b-y) + A'B' < a+b+c$. これから

図 4-9

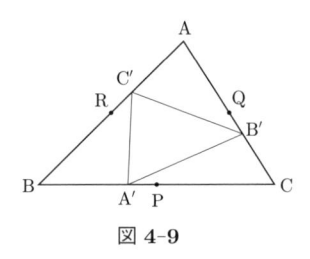

$$A'B' < c - x + y. \tag{4.12}$$

次に $(A'B')^2$ を計算する.

$$(A'B')^2 = (a+x)^2 + (b-y)^2 - 2(a+x)(b-y)\cos\theta. \tag{4.13}$$

元の三角形 $\triangle ABC$ に対して

$$(2c)^2 = (2a)^2 + (2b)^2 - 2(2a)(2b)\cos\theta.$$

すなわち,

$$c^2 = a^2 + b^2 - 2ab\cos\theta,$$

これより

$$\cos\theta = \frac{a^2 + b^2 - c^2}{2ab}. \tag{4.14}$$

(4.14) を (4.13) に代入すると

$$(A'B')^2 = (a+x)^2 + (b-y)^2 - 2(a+x)(b-y)\frac{(a^2+b^2-c^2)}{2ab}. \tag{4.15}$$

(4.15) を (4.12) に代入すると

$$(a+x)^2 + (b-y)^2 - \frac{(a+x)(b-y)}{ab}(a^2+b^2-c^2) < (c-x+y)^2. \tag{4.16}$$

これを整理すると

$$bx(a-b+c) + ay(a-b-c) + xy(a+b-c) < 0. \quad (4.17)$$

他の場合も同様にする．

$$cy(b-c+a) + bz(b-c-a) + yz(b+c-a) < 0, \quad (4.18)$$
$$az(c-a+b) + cx(c-a-b) + zx(c+a-b) < 0. \quad (4.19)$$

$(4.17) \times z + (4.18) \times x + (4.19) \times y$ を計算すると

$$xyz(a+b+c) < 0$$

$a+b+c > 0$ だから $x, y, z > 0$ より矛盾．よって，

$$\max(l_1, l_2, l_3) \geq a+b+c.$$

等号はたとえば $x = 0$ とする．(4.19) に代入すると $az(c-a+b) \leq 0$ より $z = 0$ となり (4.18) に代入すれば $y = 0$. すなわち，A$'$ = P, B$'$ = Q, C$'$ = R のときのみに成り立つ． □

これを使うと内接する三角形の面積に関してきれいな定理が証明できる．

定理 4.21

内接する三角形 $\triangle$A$'$B$'$C$'$ の面積を S とすれば

$$\min(S_1, S_2, S_3) \leq S$$

が成り立つ．ここで，$\triangle$AB$'$C$'$ の面積を S_1，$\triangle$A$'$BC$'$ の面積を S_2，$\triangle$A$'$B$'$C の面積を S_3 とする．等号は A$'$, B$'$, C$'$ が各辺の中点のときである．

第5章

三角, 指数, 対数関数に関する不等式

　最初に，三角関数の微分を定義にしたがって求めるときに必ず出てくる不等式の精度を上げることを考える．指数関数，対数関数は互いに逆の関係にある．一方の不等式は変換すれば別な不等式が得られるが，ここではそれぞれ証明をする．

5.1 三角関数

高校の数学Ⅲで $\lim_{\theta \to 0} \dfrac{\sin \theta}{\theta} = 1$ を習ったが，証明を見直してみる（図 5-1）．

三つの図形の面積について

$$\triangle \text{OAB} < \text{扇形 OAB} < \triangle \text{OAT}.$$

それぞれの面積は

$$\triangle \text{OAB} = \frac{1}{2} \sin \theta,$$
$$\triangle \text{OAT} = \frac{1}{2} \tan \theta,$$
$$\text{扇形 OAB} = \frac{1}{2} \cdot 1^2 \cdot \theta = \frac{1}{2} \theta$$

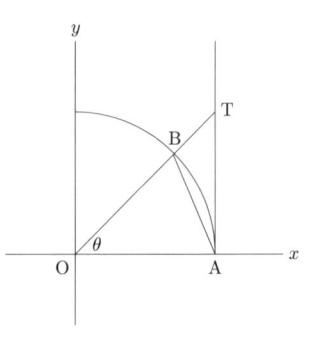

図 5-1

だから $\sin \theta < \theta < \tan \theta$．
$\sin \theta > 0$ に注意して，各辺を $\sin \theta$ で割ると，

$$1 < \frac{\theta}{\sin \theta} < \frac{1}{\cos \theta}.$$

逆数をとれば

$$\cos \theta < \frac{\sin \theta}{\theta} < 1. \tag{5.1}$$

$\lim_{\theta \to 0} \cos \theta = 1$ だから

$$\lim_{\theta \to 0} \frac{\sin \theta}{\theta} = 1.$$

(5.1) では上から定数で評価したが，下からも定数で押さえられないかを考える．そのために関数 $\dfrac{\sin \theta}{\theta}$ の性質を調べる．

$$\frac{d}{d\theta}\left(\frac{\sin\theta}{\theta}\right) = \frac{\cos\theta}{\theta^2}(\theta - \tan\theta).$$

ここで $g(\theta) = \theta - \tan\theta$ とおくと $g'(\theta) = 1 - \sec^2\theta \leq 0$. よって区間 $0 \leq \theta < \dfrac{\pi}{2}$ で

$$\frac{d}{d\theta}\left(\frac{\sin\theta}{\theta}\right) \leq 0.$$

すなわち $\dfrac{\sin\theta}{\theta}$ は減少関数である．したがって

$$\frac{\sin\theta}{\theta} \geq \frac{\sin\dfrac{\pi}{2}}{\dfrac{\pi}{2}} = \frac{2}{\pi}. \tag{5.2}$$

ここで等号は $\theta = \dfrac{\pi}{2}$ のときに限る．(5.2) はジョルダンの不等式といわれているものである．

問 5.1

区間 $\left[0, \dfrac{\pi}{2}\right]$ で $y = \sin\theta$ のグラフを書き，原点を通る接線と原点と曲線上の点 $\left(\dfrac{\pi}{2}, 1\right)$ を結ぶ直線を考えて (5.2) の別証明を示せ．

一方，以下の式は定数でなく θ の関数での評価で知られている．

定理 5.2

$$\frac{\sin\theta}{\theta} \geq \frac{\pi^2 - \theta^2}{\pi^2 + \theta^2}, \quad \theta \neq 0.$$

[証明] 二つの場合に分ける．

$\theta \geq 1$ に対して

$$\frac{1-\theta^2}{1+\theta^2} - \frac{\sin(\pi\theta)}{\pi\theta} = \frac{1-\theta^2}{1+\theta^2} + \frac{\sin(\pi(\theta-1))}{\pi(\theta-1)} \cdot \frac{\theta-1}{\theta}$$
$$\leq \frac{1-\theta^2}{1+\theta^2} + \frac{\theta-1}{\theta} = -\frac{(1-\theta)^2}{\theta(1+\theta^2)} \leq 0.$$

最後に θ に $\dfrac{\theta}{\pi}$ を代入すればよい．

$0 < \theta < 1$ に対しては，$\dfrac{\sin \pi\theta}{\pi\theta}$ に対する無限積展開から出発する．

$$\frac{\sin \pi\theta}{\pi\theta} = \prod_{k=1}^{\infty}\left(1 - \frac{\theta^2}{k^2}\right) = (1-\theta^2)\prod_{k=2}^{\infty}\left(1 - \frac{\theta^2}{k^2}\right).$$

部分積 $P_n = \prod_{k=2}^{n}\left(1 - \dfrac{\theta^2}{k^2}\right)$ に関する次の不等式を示す．
$0 < \theta < 1$ のとき

$$(1+\theta^2)P_n \geq 1 + \frac{\theta^2}{n}, \quad (n \geq 2). \tag{5.3}$$

n に関する帰納法による．

$n = 2$ の場合は明らか．n のとき (5.3) が成り立つと仮定する．

$$(1+\theta^2)P_{n+1} = (1+\theta^2)\left(1 - \frac{\theta^2}{(n+1)^2}\right)P_n$$
$$\geq \left(1 - \frac{\theta^2}{(n+1)^2}\right)\left(1 + \frac{\theta^2}{n}\right)$$
$$= 1 + \theta^2\left\{\frac{1}{n} - \frac{1}{(n+1)^2} - \frac{\theta^2}{n(n+1)^2}\right\}$$
$$> 1 + \frac{\theta^2}{n+1}.$$

よって (5.3) が成立する．元の式に戻って

$$\frac{\sin \pi\theta}{\pi\theta} = \lim_{n\to\infty}\left(\frac{1-\theta^2}{1+\theta^2}\right)(1+\theta^2)P_n \geq \frac{1-\theta^2}{1+\theta^2}. \quad \square$$

現在でも評価する研究は続いており，不等式の専門誌には毎号のように載っている．たとえば以下のような定理がある．

定理 5.3　W.D.Jiang と H.Yun

$x \in \left(0, \dfrac{\pi}{2}\right]$ に対して

$$\frac{2}{\pi} + \frac{1}{2\pi^5}(\pi^4 - 16\theta^4) \leq \frac{\sin\theta}{\theta} \leq \frac{2}{\pi} + \frac{\pi-2}{\pi^5}(\pi^4 - 16\theta^4).$$

等号は $\theta = \dfrac{\pi}{2}$ に限る.

もちろん $\sin\theta$ のテイラー展開から

$$\sin\theta = \theta - \frac{\theta^3}{3!} + \frac{\theta^5}{5!} - \cdots + (-1)^{n-1}\frac{\theta^{2n-1}}{(2n-1)!} + \cdots$$

だから

$$\frac{\sin\theta}{\theta} = 1 - \frac{\theta^2}{3!} + \frac{\theta^4}{5!} - \cdots + (-1)^{n-1}\frac{\theta^{2n-2}}{(2n-1)!} + \cdots$$

が得られる．ここからでも簡単な不等式が得られる．

問 5.4

$\theta \in \left(0, \dfrac{\pi}{2}\right)$ ならば $1 - \dfrac{\theta^2}{6} \leq \dfrac{\sin\theta}{\theta} \leq 1 - \dfrac{2\theta^2}{3\pi^2}$ が成り立つことを示せ．

注：問 5.4 の右辺の不等式の最近のものは

$$\frac{\sin\theta}{\theta} \leq \frac{1}{\sqrt{1 + 3\left(\dfrac{\theta}{\pi}\right)^4}}\left(1 - \frac{\theta^2}{\pi^2}\right)$$

である．

例題 5.5

$0 < \alpha,\ \beta < \pi$ のとき

$$\sin\frac{\alpha+\beta}{2} \geq \frac{\sin\alpha+\sin\beta}{2}$$

が成り立つことを示せ．等号は $\alpha=\beta$ のときにのみ成立．

[解答] $\sin\dfrac{\alpha+\beta}{2}-\dfrac{\sin\alpha+\sin\beta}{2}=\sin\dfrac{\alpha+\beta}{2}\left(1-\cos\dfrac{\alpha-\beta}{2}\right)$,

$0<\dfrac{\alpha+\beta}{2}<\pi$ だから $\sin\dfrac{\alpha+\beta}{2}>0, \cos\dfrac{\alpha-\beta}{2}\leq 1$．等号は $\alpha=\beta$ のときにのみ成立．

この不等式を繰り返すと

$$\sin\frac{\alpha+\beta+\gamma+\delta}{4} \geq \frac{\sin\alpha+\sin\beta+\sin\gamma+\sin\delta}{4}$$

を示すことができる．さらにここで $\delta=\dfrac{\alpha+\beta+\gamma}{3}$ とおくと

$$\sin\frac{\alpha+\beta+\gamma}{3} \geq \frac{\sin\alpha+\sin\beta+\sin\gamma}{3}$$

が成立する．

実は $f(x)=\sin x$ が $f''(x)<0$ であることを使えば，定理 3.11 から次の不等式が成り立つ．

$$\sin\frac{\alpha_1+\alpha_2+\cdots+\alpha_n}{n} \geq \frac{\sin\alpha_1+\sin\alpha_2+\cdots+\sin\alpha_n}{n}.$$

例題 5.6

曲座標で表示された円に関する面白い不等式．

$r=2\sin\theta, 0\leq\theta\leq\dfrac{\pi}{2}$ で表示される半径 1 の半円上に A, B をとる．

$$\text{A}:(r_1,\theta_1), \quad \text{B}:(r_2,\theta_2), \quad \text{ただし，} 0<\theta_1<\theta_2<\frac{\pi}{2}.$$

弧 OA の長さを a_1，弧 OB の長さを a_2，弧と線分 OA で囲まれる面積を k_1，弧と線分 OB で囲まれる面積を k_2 とする．

図 5-2

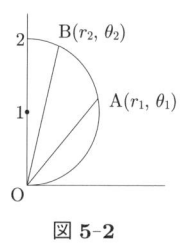

このとき次の不等式が成り立つことを示せ（図 5-2）.

$$\left(\frac{r_1}{r_2}\right)^3 > \frac{k_1}{k_2}, \tag{5.4}$$

$$\left(\frac{a_1}{a_2}\right)^2 > \frac{k_1}{k_2}. \tag{5.5}$$

[解答]　$r = 2\sin\theta$ より

$$\left(\frac{r_1}{r_2}\right)^3 = \frac{\sin^3\theta_1}{\sin^3\theta_2},$$

$$k_1 = \frac{1}{2}\int_0^{\theta_1} r^2 d\theta = \frac{1}{2}\int_0^{\theta_1} 4\sin^2\theta\, d\theta = \theta_1 - \sin\theta_1 \cdot \cos\theta_1.$$

同様に $k_2 = \theta_2 - \sin\theta_2 \cdot \cos\theta_2$ が得られる．(5.4) は

$$\frac{\sin^3\theta_1}{\sin^3\theta_2} > \frac{\theta_1 - \sin\theta_1 \cdot \cos\theta_1}{\theta_2 - \sin\theta_2 \cdot \cos\theta_2}$$

または

$$\frac{\sin^3\theta_1}{\theta_1 - \sin\theta_1 \cdot \cos\theta_1} > \frac{\sin^3\theta_2}{\theta_2 - \sin\theta_2 \cdot \cos\theta_2}$$

を示すことができればよい．ここで

$$y = \frac{\sin^3 x}{x - \sin x \cdot \cos x}$$

が区間 $0 < x \leq \frac{\pi}{2}$ で減少関数であることを示す．

$$y' = \frac{3\sin^2 x \cdot \cos x \cdot (x - \sin x \cdot \cos x) - \sin^3 x \cdot (1 - \cos^2 x + \sin^2 x)}{(x - \sin x \cdot \cos x)^2}$$

$$= \frac{\sin^2 x \cdot (3x \cos x - 3\sin x + \sin^3 x)}{(x - \sin x \cdot \cos x)^2}.$$

これより $3x \cos x - 3\sin x + \sin^3 x < 0$ ならば $y' < 0$ で減少．これをさらに書き換えて

$$x < \frac{2}{3}\tan x + \frac{1}{6}\sin 2x \tag{5.6}$$

を証明できればよい．

$$y = x \tag{5.7}$$

$$y = \frac{2}{3}\tan x + \frac{1}{6}\sin 2x \tag{5.8}$$

(5.7), (5.8) ともに原点を通るので二つのグラフの接線の傾きを調べる．

$$y' = \frac{2}{3}\sec^2 x + \frac{1}{3}\cos 2x$$

で，もう一方の傾きは 1 である．$(\cos^2 x - 1)^2 > 0$ より

$$\frac{2}{3}\sec^2 x + \frac{1}{3}\cos 2x = \frac{2 + 2\cos^4 x - \cos^2 x}{3\cos^2 x} > 1.$$

すなわち (5.7) の直線の傾きより (5.8) の曲線の傾きは大きい．よって (5.6) が示され y は区間 $\left(0, \frac{\pi}{2}\right]$ で減少する関数であることが分かった．したがって

$$\frac{\sin^3 \theta_1}{\sin^3 \theta_2} > \frac{\theta_1 - \sin \theta_1 \cdot \cos \theta_1}{\theta_2 - \sin \theta_2 \cdot \cos \theta_2}.$$

問 5.7

(5.5) の不等式を証明せよ．

5.2 指数関数

$y = 2^x$ はグラフから簡単に任意の実数に対して常に正であることが分かる．一般に指数・対数関数では微分を使ってグラフの性質を調べて不等式を示すことが有益である．

例題 5.8

$x \geq 0$ のとき以下の不等式が成り立つことを示せ．

$$e^x \geq x + 1 \tag{5.9}$$

等号は $x = 0$ のときに限る．

[解答] $f(x) = e^x - x - 1$ とおけば $f(0) = 0, f'(x) = e^x - 1 \geq 0$. したがって $x \geq 0$ で単調増加関数．

例題 5.9

$0 < a < 1$, $0 < b < 1$ ならば以下の不等式が成り立つことを示せ．

$$a^b + b^a > 1 \tag{5.10}$$

[解答]
$$f(b) = a^b + b^a - 1$$

とおく．

$$f(0) = 0, \quad f(1) = a > 0, \quad f'(b) = a^b \log a + ab^{a-1}.$$

(5.10) が成立しないと仮定する．すると次の条件を満たす $b \in (0, 1)$ が存在する．

$$f'(b) = 0 \text{ で } f(b) \leq 0.$$

言い換えると

$$a^b \log a + ab^{a-1} = 0 \text{ で } a^b + b^a - 1 \leq 0 \quad (0 < a < 1). \tag{5.11}$$

(5.11) から

$$1 - b\frac{\log a}{a} - a^{-b} \leq 0. \tag{5.12}$$

今度は (5.12) が任意の $a \in (0,1)$ に対して成立しないことを示す．$g(b) = 1 - b\dfrac{\log a}{a} - a^{-b}$ とおき，性質を調べる．

$$g'(b) = \left(a^{-b} - \frac{1}{a}\right)\log a, \quad g''(b) = -a^{-b}(\log a)^2.$$

したがって $0 < a < 1$ ならば $g''(b) < 0$, $g'(b) > g'(1) = 0$. よって $g(b) > g(0) = 0$ となって (5.12) に矛盾する．

5.3 対数関数

対数関数と指数関数は互いに逆関数になっているが置き換えてもうまくゆかないことも多い．それぞれの不等式について検討することも重要である．

例題 5.10

$0 < x$ ならば以下の不等式が成り立つことを示せ．

$$\log x \leq x - 1, \tag{5.13}$$

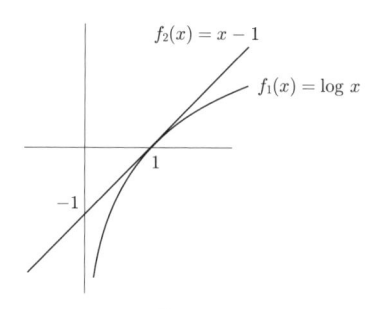

図 5-3

等号は $x=1$ のときに限る．

[解答]　$f_1(x) = \log x$, $f_2(x) = x-1$ とおき，グラフを書く．$x=1$ での $f_1(x)$ の接線を考えると，ちょうど $f_2(x)$ に一致する．したがって問題の不等式が得られた（図 5-3）．なお，(5.13) で $x \mapsto e^x$ と置き換えれば (5.9) が得られる．

例題 5.11

$0 < y < x$ ならば
$$\frac{x-y}{\log x - \log y} < \frac{x+y}{2}$$
が成り立つことを示せ．

[解答]　簡単な不等式から出発する．
$$\frac{2}{(1+t)^2} < \frac{1}{2t}, \quad (t>1)$$
両辺を区間 1 から $\dfrac{x}{y}$ まで積分する．
$$\int_1^{\frac{x}{y}} \frac{2}{(1+t)^2} dt < \frac{1}{2} \int_1^{\frac{x}{y}} \frac{dt}{t},$$

すなわち
$$\frac{x-y}{x+y} < \frac{1}{2}\log\frac{x}{y}.$$

例題 5.12

$x > 0$ ならば以下の不等式が成り立つことを示せ.
$$\frac{2}{2x+1} < \log\left(1+\frac{1}{x}\right) < \frac{1}{\sqrt{x^2+x}}.$$

[解答] 左辺に対しては $f(x) = \dfrac{2}{2x+1} - \log\left(1+\dfrac{1}{x}\right)$ とおき，増減を調べる.
$$f'(x) = \frac{1}{x(1+x)(2x+1)^2} > 0$$

よって $f(x)$ は $x > 0$ に対して増加. 一方 $\displaystyle\lim_{x\to+\infty} f(x) = 0$ だから $f(x) < 0$.

右辺も直接差をとる.
$$g(x) = \log\left(1+\frac{1}{x}\right) - \frac{1}{\sqrt{x^2+x}}.$$
$$g'(x) = \frac{2x+1}{2(x^2+x)^{\frac{3}{2}}} - \frac{1}{x+x^2} > 0.$$

したがって $g(x)$ は増加関数. また $\displaystyle\lim_{x\to+\infty} g(x) = 0$, よって $g(x) < 0$.

注：左辺で $1+\dfrac{1}{x}$ を $\dfrac{x}{y}$ で置き換えると例題 5.11 が得られる.

例題 5.13

$0 < a, b, t$ ならば以下の不等式が成り立つことを示せ.
$$\log\left(1+\frac{t}{a}\right)\log\left(1+\frac{b}{t}\right) < \frac{b}{a}. \qquad (5.14)$$

[解答] (5.14) の左辺を ϕ とおき指数に直す.
$$e^\phi = \left(1 + \frac{b}{t}\right)^{\log\left(1 + \frac{t}{a}\right)}. \tag{5.15}$$

一方
$$e^{\frac{t}{a}} = 1 + \frac{t}{a} + \frac{t^2}{2a^2} + \cdots > 1 + \frac{t}{a},$$

よって, $\log\left(1 + \dfrac{t}{a}\right) < \dfrac{t}{a}$.

(5.15) で t を bu とおくと
$$e^\phi < \left(1 + \frac{b}{t}\right)^{\frac{t}{a}} = \left\{\left(1 + \frac{1}{u}\right)^u\right\}^{\frac{b}{a}} < e^{\frac{b}{a}},$$

したがって $\phi < \dfrac{b}{a}$.

この不等式はレーマーが円周率 π とアークコタンジェントとの関係を調べていたときに出てきた.

例題 5.14

3^π と π^3 の大小関係を調べよ.

この問題を微分の応用問題として考えるとどのような関数を定義するかでいくつかの考え方がある.

[解答] 解法 1. 3^π と π^3 だから $3^{\frac{1}{3}}$ と $\pi^{\frac{1}{\pi}}$ の大小を考える. $f(x) = x^{\frac{1}{x}}$ とする.
$$f'(x) = x^{\frac{1}{x}}\left(\frac{1 - \log x}{x^2}\right).$$

$f'(e) = 0$ で $x > e$ に対して $f'(x) < 0$ で単調減少. また $0 < x < e$ で増加. したがって $x = e$ で極大値 $f(e) = e^{\frac{1}{e}}$ をとる. $3^{\frac{1}{3}} > \pi^{\frac{1}{\pi}}$ となり両辺を 3π 乗すると

x	0		e	
$f'(x)$	×	+	0	−
$f(x)$	×	↗	極大	↘

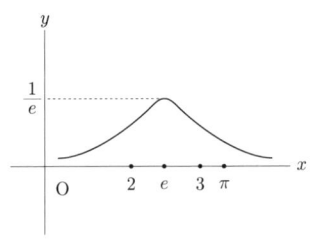

図 5-4

$$3^\pi > \pi^3.$$

解法 2. 対数をとって比較する．すなわち $\pi\log 3$ と $3\log\pi$．さらに両方を 3π で割った $\dfrac{\log 3}{3}$ と $\dfrac{\log\pi}{\pi}$ を比較する．

これから $f(x) = \dfrac{\log x}{x}$ $(x > 0)$ のグラフを書くことを考え，まず増減表を作成．

$$f'(x) = \frac{1 - \log x}{x^2}.$$

$1 - \log x = 0$ より $x = e$ （図 5-4）．x が e よりも大きくなっているときは $f(x)$ は単調に減少する．

$$0 < e < 3 < \pi$$

より $f(e) > f(3) > f(\pi)$ となる．すなわち $\dfrac{\log 3}{3} > \dfrac{\log\pi}{\pi}$, よって

$$3^\pi > \pi^3.$$

グラフをみると 3 と π の比較より e を挟んだ 2 と 3 の比較のほうが分かりにくい．しかしこの場合は $2^3 = 8$, $3^2 = 9$ なので $\dfrac{\log 2}{2} < \dfrac{\log 3}{3}$.

解法 3. 直接差を考えるために次の定理を準備する．

定理 5.15

$f(x) = a^x - x^a, x \geq a$ で増加関数である．ただし $a \geq e$．

[証明] $f'(x) = a^x \log a - ax^{a-1} = a(a^{x-1} \log a - x^{a-1})$
さらに括弧のなかを置き換える．$\mathrm{A}(x) = a^{x-1} \log a,\ \mathrm{B}(x) = x^{a-1}$.
いきなり微分しないで $g(x) = \log \mathrm{A}(x) - \log \mathrm{B}(x)$ とおくところが
アイディア．

$$g(x) = (x-1)\log a + \log\log a - (a-1)\log x,$$
$$g'(x) = \log a - \frac{a-1}{x} \geq \log a - \frac{a-1}{a}$$
$$= \log a - 1 + \frac{1}{a} \geq \frac{1}{a} > 0.$$

一方
$$g(a) = \log\log a \geq \log 1 = 0.$$

したがって，$x \geq a$ に対して
$$\log \mathrm{A}(x) \geq \log \mathrm{B}(x).$$

$y = \log x$ のグラフより $\mathrm{A}(x) \geq \mathrm{B}(x)$，すなわち $f'(x) \geq 0$．よって増加．$a = 3, x = \pi$ と置けばよい． □

問 5.16

$x \neq e$ で $x > 0$ なら $\dfrac{x}{e} > \log x$ をグラフを用いて示せ．

第6章

n 個の元に対する不等式

　$n=2,3$ の算術・幾何平均の不等式は第 2 章でみたが，一般化するとどうなるか．いくつかの方法で算術・幾何平均の不等式の証明をした．またその他 n 個の元に関する不等式，コーシーの不等式などをいくつか紹介する．

6.1　算術平均と幾何平均に関する不等式

算術平均（相加平均）
$$A_n(a_1,\cdots,a_n) = A_n = \frac{a_1+\cdots+a_n}{n},$$

幾何平均（相乗平均）
$$G_n(a_1,\cdots,a_n) = G_n = \sqrt[n]{a_1\cdots a_n},$$

調和平均
$$H_n(a_1,\cdots,a_n) = H_n = \frac{n}{\dfrac{1}{a_1}+\cdots+\dfrac{1}{a_n}}.$$

このとき次の定理が成り立つ．

定理 6.1　算術・幾何平均の不等式

$a_i > 0$ に対して
$$G_n(a_1,\cdots,a_n) \leq A_n(a_1,\cdots,a_n)$$

等号は $a_1 = a_2 = \cdots = a_n$ のときに限る．

定理 6.2　調和・幾何平均の不等式

$a_i > 0$ に対して
$$H_n(a_1,\cdots,a_n) \leq G_n(a_1,\cdots,a_n)$$

等号は $a_1 = a_2 = \cdots = a_n$ のときに限る．

[証明]　定理 6.2 は定理 6.1 が証明されれば簡単である．

$$H_n(a_1,\cdots,a_n) = \frac{n}{\frac{1}{a_1}+\cdots+\frac{1}{a_n}} = \frac{1}{\frac{\frac{1}{a_1}+\cdots+\frac{1}{a_n}}{n}}$$
$$= \frac{1}{A_n\left(\frac{1}{a_1},\cdots,\frac{1}{a_n}\right)} \leq \frac{1}{G_n\left(\frac{1}{a_1},\cdots,\frac{1}{a_n}\right)} = G_n(a_1,\cdots,a_n).$$
□

定理 6.1 の証明は 80 通りくらい知られている．ここではいくつかを紹介するが，数学の定理で別証明が多いということはそれだけ重要で色々な視点から問題を考えることが可能だということである．

このように別な証明法がたくさん知られている他の例では「ピタゴラスの定理」や「素数は無限に存在する」などがある．

コラム　　ピタゴラスの定理

別名「三平方の定理」としてもよく知られている．江戸時代の和算では「勾股弦の関係」という名前で中国から輸入されていた．直角三角形の 3 つの辺に関するものでもっとも名前の知られた定理であろう．

$$a^2 + b^2 = c^2$$

我々がふだん使っている三角定規は 2 種類あり，角度は 30 度，45 度，60 度と色々都合がよいが，辺の比に $\sqrt{2}$ と $\sqrt{3}$ が出てくる．一方，長さの比を整数にしたものは中学校で習う．3：4：5 や 5：12：13 等である．しかし今度はこれらの三角形では角度が簡単ではない．

定理 6.1 は次のいずれとも同値である，したがって定理 6.1 の代わりにこれらを証明してもよい．

補題 6.3

(1) n 個の正の数 $a_1, a_2, \cdots, a_n$ に対して

$$a_1 a_2 \cdots a_n = 1 \text{ ならば } a_1 + a_2 + \cdots + a_n \geq n$$

等号は $a_1 = a_2 = \cdots = a_n$ のときに限る．

(2) n 個の正の数 $a_1, a_2, \cdots, a_n$ に対して

$$a_1 + a_2 + \cdots + a_n = 1 \text{ ならば } a_1 a_2 \cdots a_n \leq \left(\frac{1}{n}\right)^n$$

等号は $a_1 = a_2 = \cdots = a_n$ のときに限る．

[**定理 6.1 の証明**]　証明 1．n に関する数学的帰納法による．

$n = 2$ のときは $a_1 a_2 = 1$ より $a_1 + \dfrac{1}{a_1} - 2 = \dfrac{(a_1 - 1)^2}{a_1} \geq 0$．

$n = k$ まで成り立つと仮定する．すなわち $a_1 a_2 \cdots a_k = 1$ ならば，不等式 $a_1 + a_2 + \cdots + a_k \geq k$ が成り立つとする．

$$a_1 a_2 \cdots a_k \cdot a_{k+1} = 1$$

ここで二つの場合を考える．

1) すべての因数が等しい場合．
2) 因数の中に等しくないものがある場合．

1) は明らか．

2) の場合：因数 $a_1, \cdots, a_k, a_{k+1}$ の中に 1 より大きいものも小さいものもある．たとえば $a_1 < 1, \ a_{k+1} > 1$ とする．

$(a_1 a_{k+1}) \cdot a_2 \cdots a_k = 1$ において $b_1 = a_1 a_{k+1}$ とおくと，$b_1 \cdot a_2 \cdots a_k = 1$ で項の数が k 個，したがって帰納法の仮定より

6.1 算術平均と幾何平均に関する不等式

$$b_1 + a_2 + \cdots + a_k \geq k.$$

一方

$$a_1 + a_2 + \cdots + a_k + a_{k+1}$$
$$= (b_1 + a_2 + \cdots + a_k) + a_{k+1} - b_1 + a_1$$
$$\geq k + a_{k+1} - a_1 a_{k+1} + a_1$$
$$= (k+1) + (a_{k+1} - 1)(1 - a_1) > k+1.$$

よって証明された. □

証明 2(Newman, 1960 年). 積から和を求める. これも帰納法で示す. n まで成立していると仮定して $\prod_{i=1}^{n+1} a_i = 1$ から $\prod_{i=1}^{n} a_i = a_{n+1}^{-1}$

$$\sum_{i=1}^{n+1} a_i = \sum_{i=1}^{n} a_i + a_{n+1} \geq n \left(\prod_{i=1}^{n} a_i \right)^{\frac{1}{n}} + a_{n+1}$$
$$= \frac{n}{a_{n+1}^{\frac{1}{n}}} + a_{n+1} > n+1.$$

最後の不等式はベルヌーイの不等式の α がマイナスの場合 $(1+x)^\alpha > 1 + \alpha x$ で, $\alpha = -\dfrac{1}{n}, x = a_{n+1} - 1$ とおく. □

証明 3(Guha, 1967 年). 以下の補題 6.4 を繰り返し使って定理を証明する.

補題 6.4

$p \geq q \geq 0$, $x \geq y \geq 0$ ならば

$$(px + y + a)(x + qy + a) \geq \{(p+1)x + a\}\{(q+1)y + a\},$$

等号は $x = y$ と $px = qy$ のときのみ成り立つ.

[証明] 式の変形だけである．

$$(px + y + a)(x + qy + a) - \{(p+1)x + a\}\{(q+1)y + a\}$$
$$= (px - qy)(x - y) \geq 0. \qquad \square$$

$$\{nA_n(a_1, \cdots, a_n)\}^n = \overbrace{(a_1 + \cdots + a_n)\cdots(a_1 + \cdots + a_n)}^{n \text{ 個}}$$
$$\geq (2a_1 + a_3 + a_4 + \cdots + a_n)(2a_2 + a_3 + \cdots + a_n)$$
$$\cdot \underbrace{(a_1 + \cdots + a_n)\cdots(a_1 + \cdots + a_n)}_{(n-2) \text{ 個}}$$
$$\geq \cdots \geq na_1(2a_2 + a_3 + a_4 + \cdots + a_n)(a_2 + 2a_3 + \cdots + a_n)$$
$$\cdots (a_2 + \cdots + a_{n-1} + 2a_n)$$
$$\geq \overbrace{(na_1)\cdots(na_n)}^{n \text{ 個}}$$
$$= n^n \{G_n(a_1, \cdots, a_n)\}^n = \{nG_n(a_1, \cdots, a_n)\}^n$$

したがって
$$nA_n(a_1, \cdots, a_n) \geq nG_n(a_1, \cdots, a_n). \qquad \square$$

証明 4. $x > 0$, $x \neq 1$ ならば $\log x < x - 1$ が成り立つ（第 3 章の例題 5.10 を参照）．$\prod_{i=1}^n a_i = 1$ を仮定する．上の式で $x = a_i$ としてすべてをたす．すると

$$\sum_{i=1}^n \log a_i - \sum_{i=1}^n a_i + n \leq 0,$$

書き直すと

$$\log \prod_{i=1}^n a_i - \sum_{i=1}^n a_i + n \leq 0.$$

仮定より

$$n \le \sum_{i=1}^{n} a_i. \qquad \square$$

証明 5（内田康晴，2008 年）．定理 6.1 は次を示してもよい．

定理 6.5

$a_1, a_2, \cdots, a_n > 0$ のとき

$$a_1^n + a_2^n + \cdots + a_n^n \ge n a_1 a_2 \cdots a_n,$$

等号は $a_1 = a_2 = \cdots = a_n$ のとき成り立つ．

補題 6.6

$a_1 \ge a_2, b_1 \ge b_2$ のとき以下が成り立つ．

$$a_1 b_1 + a_2 b_2 \ge a_1 b_2 + a_2 b_1.$$

[証明] まず，補題 6.6 について，直接差を計算する．

$$\begin{aligned}(a_1 b_1 + a_2 b_2) - (a_1 b_2 + a_2 b_1) &= a_1(b_1 - b_2) - a_2(b_1 - b_2) \\ &= (a_1 - a_2)(b_1 - b_2) \ge 0. \qquad \square\end{aligned}$$

定理 6.5 の証明は補題 6.6 を繰り返し使い，同じ因子を作り出す．

$a_1^n + a_2^n + \cdots + a_n^n$
$= a_1 \cdots a_1 + a_2 \cdots a_2 + \cdots + a_{n-1} \cdots \underline{a_{n-1}} + a_n \cdots \underline{a_n} a_n$
$\ge a_1 \cdots a_1 + a_2 \cdots a_2 + \cdots + a_{n-1} \cdots a_{n-1} \underline{a_n} + a_n \cdots a_n \underline{a_{n-1}} a_n$
$\ge a_1 \cdots a_1 + a_2 \cdots a_2 + \cdots +$
$\quad + a_i \cdots a_i \underline{a_i} + a_{i+1} \cdots a_{i+1} \underline{a_n} + a_n \cdots a_n \underline{a_i} a_{i+1} \cdots a_n$

$$\geq a_1 \cdots a_1 + a_2 \cdots a_2 + a_i \cdots a_i \underline{a_n}$$
$$+ a_{i+1} \cdots a_{i+1} a_n + a_n \cdots a_n \underline{a_i} a_{i+1} \cdots a_n$$
$$\geq a_1 \cdots a_1 \underline{a_n} + a_2 \cdots a_2 \underline{a_n} + \cdots a_{n-1} \cdots a_{n-1} \underline{a_n} + \underline{a_1 a_2 \cdots a_{n-1}} a_n$$
$$\geq a_1 a_2 \cdots a_n + a_1 a_2 \cdots a_n + \cdots + a_1 a_2 \cdots a_n + a_1 a_2 \cdots a_n$$
$$= n a_1 a_2 \cdots a_n. \qquad \square$$

証明 6. A_n, G_n に関する恒等式から出発する．

$$(n-1)A_{n-1} + a_n = nA_n, \quad G_{n-1}^{n-1} \cdot a_n = G_n^n.$$

$a_n = x$ とおいて $A_n - G_n$ を考える．

$$f(x) = A_n - G_n = \frac{(n-1)A_{n-1} + x}{n} - G_{n-1}^{\frac{n-1}{n}} \cdot x^{\frac{1}{n}},$$

$$f'(x) = \frac{1}{n}\left\{1 - \frac{G_{n-1}^{\frac{n-1}{n}}}{x^{\frac{n-1}{n}}}\right\}.$$

$x = G_{n-1}$ で最小となる．したがって

$$f(G_{n-1}) = \frac{n-1}{n}(A_{n-1} - G_{n-1}),$$

すなわち

$$n(A_n - G_n) \geq (n-1)(A_{n-1} - G_{n-1}).$$

等号は $a_n = G_{n-1}$ のときに成り立つ．

だんだん下がってきて最後は $\frac{a_1 + a_2}{2} \geq \sqrt{a_1 a_2}$ だから $A_n \geq G_n$. $\square$

算術・幾何平均の差に関する不等式は次の形が知られている．

定理 6.7　H.Kober

$$A_n - G_n \geq \frac{1}{n(n-1)} \sum_{1 \leq i < j \leq n} (a_i^{\frac{1}{2}} - a_j^{\frac{1}{2}})^2.$$

問 6.8

$\mathbf{R}^+ \ni a_i$　$n \geq 3$ に対して次の不等式を示せ．

$$\frac{a_1 - a_3}{a_2 + a_3} + \frac{a_2 - a_4}{a_3 + a_4} + \cdots + \frac{a_{n-1} - a_1}{a_n + a_1} + \frac{a_n - a_2}{a_1 + a_2} \geq 0$$

例題 6.9

$n \geq 2$ の自然数ならば以下の不等式が成り立つことを示せ．

$$1 + \frac{1}{2} + \cdots + \frac{1}{n} > n(\sqrt[n]{n+1} - 1)$$

[解答]　まず問題の不等式を少し変形する．

$$1 + \frac{1}{2} + \cdots + \frac{1}{n} + n > n\sqrt[n]{n+1},$$

左辺は

$$(1+1) + \left(\frac{1}{2} + 1\right) + \cdots + \left(\frac{1}{n} + 1\right) = \frac{2}{1} + \frac{3}{2} + \cdots + \frac{n+1}{n}.$$

この n 個の元に対して算術・幾何平均の不等式を適用する．

$$\frac{\frac{2}{1} + \frac{3}{2} + \cdots + \frac{n+1}{n}}{n} \geq \sqrt[n]{\frac{2}{1} \cdot \frac{3}{2} \cdots \frac{n+1}{n}} = \sqrt[n]{n+1}.$$

問 6.10

$n \geq 2$ の自然数ならば，以下の不等式が成り立つことを示せ．
$$1 + \frac{1}{2} + \cdots + \frac{1}{n} < 1 + n\left(1 - \frac{1}{\sqrt[n]{n}}\right)$$

問 6.11

$a_i > 0$ のとき
$$A_k = A - (n-1)a_k, \quad k = 1, 2, \cdots, n \tag{6.1}$$

ただし，$A = a_1 + \cdots + a_n$．このとき $A_1, \cdots, A_n \geq 0$ ならば，以下の不等式が成り立つことを示せ．
$$a_1 \times \cdots \times a_n \geq A_1 \times \cdots \times A_n. \tag{6.2}$$

問 6.12

$a_k > 0$, $k = 1, 2, \cdots, n$, $\sum_{k=1}^{n} a_k = s$ ならば，以下の不等式が成り立つことを示せ．
$$\prod_{k=1}^{n}(1 + a_k) \leq \sum_{k=0}^{n} \frac{s^k}{k!}.$$

問 6.13

n 次方程式
$$a_0 x^n + a_1 x^{n-1} + \cdots + a_{n-1} x + a_n = 0, \quad \text{ただし，} a_i \in \mathbf{R}$$

のすべての解が正ならば $\dfrac{a_1 a_{n-1}}{a_0 a_n} \geq n^2$ が成り立つことを証明せよ．

不等式はお互いに関係しているが 1 つの例としてベルヌーイの不等式と算術・幾何平均の不等式を調べる．

算術・幾何平均の不等式からベルヌーイの不等式を導く．α が有理数で $0 < \alpha < 1$ の場合を考える．$\alpha = \dfrac{m}{n}$ で仮定より $1 \leq m < n$ である．

$$\begin{aligned}
(1+x)^{\frac{m}{n}} &= \sqrt[n]{(1+x)^m \cdot 1^{n-m}} \\
&= \sqrt[n]{(1+x)(1+x)\cdots(1+x) \cdot 1 \cdot 1 \cdots 1} \\
&\leq \frac{(1+x)+(1+x)+\cdots+(1+x)+1+1\cdots+1}{n} \\
&= \frac{m(1+x)+n-m}{n} = \frac{n+mx}{n} = 1 + \frac{m}{n}x.
\end{aligned}$$

等号が成り立つのは，根号内のすべての因数が等しいとき，すなわち $1+x = 1$, したがって $x = 0$ のときだけである．

逆にベルヌーイの不等式から算術・幾何平均の不等式を n に関する帰納法で証明する．A_n は n 個の元の算術平均，G_n は n 個の元の幾何平均とする．

$$\begin{aligned}
A_n &= \frac{(n-1)A_{n-1} + \dfrac{G_n^n}{G_{n-1}^{n-1}}}{n} \\
&= \frac{G_{n-1}}{n} \left\{ (n-1)\frac{A_{n-1}}{G_{n-1}} + \left(\frac{G_n}{G_{n-1}}\right)^n \right\} \\
&\geq \frac{G_{n-1}}{n} \left\{ (n-1) + \left(\frac{G_n}{G_{n-1}}\right)^n \right\} \\
&\geq \frac{G_{n-1}}{n} \cdot n \frac{G_n}{G_{n-1}} = G_n.
\end{aligned}$$

6.2 コーシー・シュワルツの不等式

定理6.14 コーシー・シュワルツの不等式

実数 x_i, y_i に対して以下が成り立つ.

$$(x_1y_1 + \cdots + x_ny_n)^2 \leq (x_1^2 + \cdots + x_n^2)(y_1^2 + \cdots + y_n^2) \tag{6.3}$$

等号は $x_i = 0 \ (1 \leq i \leq n)$, または $y_i = 0 \ (1 \leq i \leq n)$ または $y_i = kx_i (1 \leq i \leq n)$ となる k が存在するときに限る.

[証明] 証明1. $f(t) = (x_1 t - y_1)^2 + \cdots + (x_n t - y_n)^2$ とおく.

$$f(t) = \left(\sum_{i=1}^n x_i^2\right) t^2 - 2\left(\sum_{i=1}^n x_i y_i\right) t + \sum_{i=1}^n y_i^2.$$

t に関する2次関数で $f(t) \geq 0$ だから判別式 ≤ 0 となる. すなわち

$$\left(\sum_{i=1}^n x_i y_i\right)^2 - \left(\sum_{i=1}^n x_i^2\right)\left(\sum_{i=1}^n y_i^2\right) \leq 0.$$

□

証明2. ラグランジェの等式の変形:

$$\left(\sum_{k=1}^n x_k^2\right)\left(\sum_{k=1}^n y_k^2\right) - \left(\sum_{k=1}^n x_k y_k\right)^2$$
$$= \sum_{1 \leq i < j \leq n} (x_i y_j - x_j y_i)^2 \geq 0$$

□

証明3. 2つの変数 x_k, y_k に対して同次性だから $\sum x_k^2 = \sum y_k^2 = 1$ としても一般性を失わない.

$$b = x_1 y_1 + \cdots + x_n y_n,$$

とおく. 算術・幾何平均の不等式より $x_k y_k \leq \dfrac{x_k^2 + y_k^2}{2}$, ここで $k = 1, \cdots, n$ で和をとる.

$$2b \leq \sum x_k^2 + \sum y_k^2 = 2,$$

したがって $b \leq 1$. 同様に

$$2(-x_k) y_k \leq (-x_k)^2 + y_k^2,$$

だから $b \geq -1$. これから $-1 \leq b \leq 1$ となり

$$(x_1 y_1 + \cdots + x_n y_n)^2 \leq (x_1^2 + \cdots + x_n^2)(y_1^2 + \cdots + y_n^2).$$

等号は $b = 1, -1$ すなわち $x_k = y_k$, または $x_k = -y_k$. 正規化する元の変数では $x_k = t y_k, t \neq 0$. □

証明4. $xy \leq \dfrac{1}{2} x^2 + \dfrac{1}{2} y^2, x, y \in \boldsymbol{R}$ から出発する. 後で決める $\lambda \neq 0$ を導入して

$$|a_k b_k| = \lambda |a_k| \frac{1}{\lambda} |b_k| \leq \frac{1}{2} \lambda^2 a_k^2 + \frac{1}{2\lambda^2} b_k^2$$

が成り立つ. ここで $1 \leq k \leq n$ で和をとる.

$$\sum_{k=1}^{n} |a_k b_k| \leq \frac{1}{2} \lambda^2 \sum_{k=1}^{n} a_k^2 + \frac{1}{2\lambda^2} \sum_{k=1}^{n} b_k^2.$$

ここで, $\lambda^2 = \sqrt{\dfrac{\sum_{k=1}^{n} b_k^2}{\sum_{k=1}^{n} a_k^2}}$ と選ぶと

$$\lambda^2 \sum_{k=1}^{n} a_k^2 = \frac{1}{\lambda^2} \sum_{k=1}^{n} b_k^2 = \left(\sum_{k=1}^{n} a_k^2 \sum_{k=1}^{n} b_k^2\right)^{\frac{1}{2}}.$$

元に戻すと

$$\left|\sum_{k=1}^{n} a_k b_k\right| \leq \sum_{k=1}^{n} |a_k b_k| \leq \left(\sum_{k=1}^{n} a_k^2 \sum_{k=1}^{n} b_k^2\right)^{\frac{1}{2}}.$$

各辺を平方すると，求める不等式が得られる． □

定理6.15

a_k は正の数で $\sum_{k=1}^{n} \frac{1}{a_k} = 1$ を満たしているとする．z_k が複素数ならば

$$|\sum_{k=1}^{n} z_k|^2 \leq \sum_{k=1}^{n} a_k |z_k|^2.$$

[証明] 不等式 (6.3) より

$$\sum_{k=1}^{n} a_k b_k^2 = \left(\sum_{k=1}^{n} \frac{1}{a_k}\right)\left(\sum_{k=1}^{n} a_k b_k^2\right)$$
$$= \left(\sum_{k=1}^{n} \left(\frac{1}{\sqrt{a_k}}\right)^2\right)\left(\sum_{k=1}^{n} (\sqrt{a_k} b_k)^2\right) \geq \left(\sum_{k=1}^{n} b_k\right)^2.$$

ここで，$b_k = \frac{|z_k|}{\sum_{i=1}^{n} |z_i|}$ とおく．

$$\sum_{k=1}^{n} a_k \frac{|z_k|^2}{(\sum_{i=1}^{n} |z_i|)^2} \geq \left(\sum_{k=1}^{n} \frac{|z_k|}{(\sum_{i=1}^{n} |z_i|)}\right)^2.$$

したがって

$$\sum_{k=1}^n a_k|z_k|^2 \geq (\sum_{k=1}^n |z_k|)^2 \geq |\sum_{k=1}^n z_k|^2.$$

□

これは定理 1.72 の一般化である．

問 6.16

a_k, b_k は任意の複素数とするとき，コーシー・シュワルツの不等式 (6.3) の複素数版が成り立つことを示せ．

$$\left(\sum_{k=1}^n |a_k|^2\right)\left(\sum_{k=1}^n |b_k|^2\right) \geq \left|\sum_{k=1}^n a_k b_k\right|^2.$$

問 6.17

a_k, b_k, c_k は正の実数のとき次の不等式が成り立つことを証明せよ．

$$\left(\sum_{k=1}^n a_k b_k c_k\right)^3 \leq \left(\sum_{k=1}^n a_k^3\right)\left(\sum_{k=1}^n b_k^3\right)\left(\sum_{k=1}^n c_k^3\right).$$

問 6.18

a_k, b_k, c_k, d_k は実数のとき次の不等式が成り立つことを証明せよ．

$$\left(\sum_{k=1}^n a_k b_k c_k d_k\right)^4 \leq \left(\sum_{k=1}^n a_k^4\right)\left(\sum_{k=1}^n b_k^4\right)\left(\sum_{k=1}^n c_k^4\right)\left(\sum_{k=1}^n d_k^4\right).$$

問 6.19

a_k, b_k, c_k は実数のとき次の不等式が成り立つことを証明せよ．

$$\left(\sum_{k=1}^n a_k b_k c_k\right)^4 \le \left(\sum_{k=1}^n a_k^4\right)\left(\sum_{k=1}^n b_k^4\right)\left(\sum_{k=1}^n c_k^2\right)^2.$$

問 6.20

$a_k > 0$ ならば次の不等式が成り立つことを示せ.

$$\left(\sum_{k=1}^n a_k\right)\left(\sum_{k=1}^n \frac{1}{a_k}\right) \ge n^2$$

例題 6.21

$a_i > 0$ に対して次の不等式が成り立つことを示せ.

$$\frac{a_1^2}{a_2} + \frac{a_2^2}{a_3} + \cdots + \frac{a_{n-1}^2}{a_n} + \frac{a_n^2}{a_1} \ge a_1 + a_2 + \cdots + a_n$$

[解答] 不等式 (6.3) より

$$\left(\frac{a_1}{\sqrt{a_2}}\sqrt{a_2} + \frac{a_2}{\sqrt{a_3}}\sqrt{a_3} + \cdots \frac{a_n}{\sqrt{a_1}}\sqrt{a_1}\right)^2$$
$$\le \left(\frac{a_1^2}{a_2} + \frac{a_2^2}{a_3} + \cdots + \frac{a_{n-1}^2}{a_n} + \frac{a_n^2}{a_1}\right)(a_2 + a_3 + \cdots + a_1)$$

両辺を $a_1 + a_2 + \cdots + a_n$ で割ると求める式が得られる.

問 6.22

$a_1, \cdots, a_n > 0$ ならば以下の不等式が成り立つことを示せ.

$$\frac{(a_1 + \cdots + a_n)^2}{2(a_1^2 + \cdots + a_n^2)} \le \frac{a_1}{a_2 + a_3} + \frac{a_2}{a_3 + a_4} + \cdots + \frac{a_n}{a_1 + a_2}$$

定理 6.23

$a_i, b_i, (i=1,\cdots,n)$ は実数で $0 \leq x \leq 1$ ならば

$$\left(\sum_{k=1}^{n} a_k b_k + x \sum_{i \neq j} a_i b_j \right)^2$$
$$\leq \left(\sum_{k=1}^{n} a_k^2 + 2x \sum_{i<j} a_i a_j \right)\left(\sum_{k=1}^{n} b_k^2 + 2x \sum_{i<j} b_i b_j \right)$$

が成り立つ．$x=0$ のときはコーシー・シュワルツの不等式である．

[証明]　複雑に見えるが何となくどこかで見た感じの不等式である．コーシー・シュワルツの不等式の証明を思い出し新しい変数 t を導入して2次関数にしてみる．

$$f(t) = \left(\sum_{k=1}^{n} a_k^2 + 2x \sum_{i<j} a_i a_j \right) t^2 - 2\left(\sum_{k=1}^{n} a_k b_k + x \sum_{i \neq j} a_i b_j \right) t + \left(\sum_{k=1}^{n} b_k^2 + 2x \sum_{i<j} b_i b_j \right).$$

この $f(t)$ をうまく変形して常に正であることが示せればよいのだがこれがなかなか難問である．

$$f(t) = (1-x) \sum_{k=1}^{n} (a_k t - b_k)^2 + x \left\{ \left(\sum_{k=1}^{n} (a_k t - b_k)\right) \right\}^2.$$

□

x の範囲が $0 \leq x \leq 1$ である理由もこれでわかる．

定理 6.24　ヘルダーの不等式

$x_i, y_i \geq 0$, $\dfrac{1}{p} + \dfrac{1}{q} = 1$ で $p > 1$ のとき以下が成り立つ.

$$\sum_{i=1}^{n} x_i y_i \leq \left(\sum_{i=1}^{n} x_i^p\right)^{\frac{1}{p}} \left(\sum_{i=1}^{n} y_i^q\right)^{\frac{1}{q}}.$$

[証明]　第 2 章の問 2.3 より $x, y > 0$ なら

$$\frac{x^p}{p} + \frac{y^q}{q} \geq xy \tag{6.4}$$

$$x = \frac{x_j}{(\sum_{i=1}^{n} x_i^p)^{\frac{1}{p}}}, \quad y = \frac{y_j}{(\sum_{i=1}^{n} y_i^q)^{\frac{1}{q}}},$$

を (6.4) に代入して $j = 1, \cdots, n$ までの和をとる. $p < 0$ または $0 < p < 1$ ならば不等号の向きが逆になる. □

定理 6.25　チェビシェフの不等式

$$a_1 \leq \cdots \leq a_n, b_1 \leq \cdots \leq b_n,$$

または

$$a_1 \geq \cdots \geq a_n, b_1 \geq \cdots \geq b_n,$$

ならば以下が成り立つ.

$$\left(\frac{1}{n}\sum_{i=1}^{n} a_i\right)\left(\frac{1}{n}\sum_{i=1}^{n} b_i\right) \leq \frac{1}{n}\sum_{i=1}^{n} a_i b_i.$$

[証明]

$$\sum_i \sum_j (a_i b_i - a_i b_j) = \sum_i \left(n a_i b_i - a_i \sum_{j=1}^n b_j \right)$$
$$= n \sum_{i=1}^n a_i b_i - \sum_{i=1}^n a_i \sum_{i=1}^n b_i,$$

同様に

$$\sum_i \sum_j (a_j b_j - a_j b_i) = \sum_j \left(n a_j b_j - a_j \sum_{i=1}^n b_i \right)$$
$$= n \sum_{i=1}^n a_i b_i - \sum_{i=1}^n a_i \sum_{i=1}^n b_i.$$

二つの式を加える.

$$n \sum_{i=1}^n a_i b_i - \sum_{i=1}^n a_i \sum_{i=1}^n b_i = \frac{1}{2} \sum_i \sum_j (a_i b_i - a_i b_j + a_j b_j - a_j b_i)$$
$$= \frac{1}{2} \sum_i \sum_j (a_i - a_j)(b_i - b_j).$$

仮定より $(a_i - a_j)(b_i - b_j) \geq 0 (i, j = 1, \cdots, n)$, したがって

$$n \sum_{i=1}^n a_i b_i \geq \sum_{i=1}^n a_i \sum_{i=1}^n b_i,$$

よって

$$\left(\frac{1}{n} \sum_{i=1}^n a_i \right) \left(\frac{1}{n} \sum_{i=1}^n b_i \right) \leq \frac{1}{n} \sum_{i=1}^n a_i b_i.$$

□

定理 6.26　ミンコフスキーの不等式

もし $a_i \geq 0, b_i \geq 0, i = 1, \cdots, n$ で $p > 1$ ならば

$$\left(\sum_{i=1}^{n}(a_i+b_i)^p\right)^{\frac{1}{p}} \leq \left(\sum_{i=1}^{n}a_i^p\right)^{\frac{1}{p}} + \left(\sum_{i=1}^{n}b_i^p\right)^{\frac{1}{p}}$$

が成り立つ．等号は $a_i = tb_i$ のときにのみ成立する．

$p < 1 (p \neq 0)$ のときは不等号の向きが逆になる．ただし，$p < 0$ のときは $a_i, b_i > 0$ とする．

[証明]　$(a_i+b_i)^p = a_i(a_i+b_i)^{p-1} + b_i(a_i+b_i)^{p-1}$
ここで $i = 1, \cdots, n$ までを加える．

$$\sum(a_i+b_i)^p = \sum a_i(a_i+b_i)^{p-1} + \sum b_i(a_i+b_i)^{p-1}$$

$\sum a_i(a_i+b_i)^{p-1}$ にヘルダーの不等式を適用する．

$$\sum a_i(a_i+b_i)^{p-1} \leq \left(\sum a_i^p\right)^{\frac{1}{p}}\left(\sum(a_i+b_i)^{q(p-1)}\right)^{\frac{1}{q}}$$
$$= \left(\sum a_i^p\right)^{\frac{1}{p}}\left(\sum(a_i+b_i)^p\right)^{\frac{1}{q}}$$

同様に

$$\sum b_i(a_i+b_i)^{p-1} \leq \left(\sum b_i^p\right)^{\frac{1}{p}}\left(\sum(a_i+b_i)^p\right)^{\frac{1}{q}}$$

この二式を加える．

$$\sum(a_i+b_i)^p \leq \left(\left(\sum a_i^p\right)^{\frac{1}{p}} + \left(\sum b_i^p\right)^{\frac{1}{p}}\right)\left(\sum(a_i+b_i)^p\right)^{\frac{1}{q}}$$

両辺を $(\sum(a_i+b_i)^p)^{\frac{1}{q}}$ で割る．$1 - \dfrac{1}{q} = \dfrac{1}{p}$ だから

$$\left(\sum_{i=1}^{n}(a_i+b_i)^p\right)^{\frac{1}{p}} \leq \left(\sum_{i=1}^{n}a_i^p\right)^{\frac{1}{p}} + \left(\sum_{i=1}^{n}b_i^p\right)^{\frac{1}{p}}.$$

□

第7章

巡回型不等式

　未知数 $x_1, \ldots, x_n$ がある一定の規則に従って出てくる不等式を考える．どのように完全平方にするのかが問題の分かれ道である．シャピロの不等式を $n = 3, 4, 5$ の場合だけについてできるだけ丁寧に調べた．拡張されたシャピロの不等式についても述べている．

7.1 色々な巡回型不等式

2または3変数の不等式を n 変数に拡張すると意外な所に反例がでてくる．

例題 7.1

任意の実数に対して次の不等式が成立することを証明せよ．

$$x_1^2 + x_2^2 + \cdots + x_n^2 \geq x_1 x_2 + x_2 x_3 + \cdots + x_{n-1} x_n$$

[解答] $2(x_1^2 + x_2^2 + \cdots + x_n^2 - x_1 x_2 - x_2 x_3 - \cdots - x_{n-1} x_n)$
$= x_1^2 + (x_1 - x_2)^2 + (x_2 - x_3)^2 \cdots + (x_{n-1} - x_n)^2 + x_n^2$
≥ 0

例題 7.2

次の不等式がすべての $x_1, x_2, \cdots, x_n \in \mathbf{R}$ に対して成立するような $n(\geq 2)$ を求めよ．

$$x_1^2 + x_2^2 + \cdots + x_n^2 \geq \frac{4}{3}(x_1 x_2 + x_2 x_3 + \cdots + x_{n-1} x_n)$$

[解答] 小さな n から順番に調べる．どのように平方の和の形にするのかが問題である．

$n = 2$ の場合：

$$9\left(x_1^2 + x_2^2 - \frac{4}{3} x_1 x_2\right) = (3x_1 - 2x_2)^2 + 5x_2^2 \geq 0.$$

$n = 3$ の場合：

$$9\left(x_1^2 + x_2^2 + x_3^2 - \frac{4}{3}(x_1x_2 + x_2x_3)\right)$$
$$= (3x_1 - 2x_2)^2 + x_2^2 + (2x_2 - 3x_3)^2 \geq 0.$$

逆に先に $n=3$ を与え $\frac{4}{3}$ を p とおくと，$-\sqrt{2} \leq p \leq \sqrt{2}$ に対して

$$4\left\{x_1^2 + x_2^2 + x_3^2 - p(x_1x_2 + x_2x_3)\right\}$$
$$= (2x_1 - px_2)^2 + (4 - 2p^2)x_2^2 + (-px_2 + 2x_3)^2 \geq 0$$

がいえる．もちろん，$-\sqrt{2} \leq \frac{4}{3} \leq \sqrt{2}$ を満たしている．

$n \geq 4$ のときは不等式が成り立たない例を作る．

$$x_1^2 + x_2^2 + x_3^2 + x_4^2 + x_5^2 + \cdots + x_n^2 - \frac{4}{3}(x_1x_2 \cdots + x_{n-1}x_n) \geq 0$$

$x_1 = 2, x_2 = 3, x_3 = 3, x_4 = 2, x_i = 0 (i \geq 5)$ とおけばよい．結果を眺めると最初から適当な整数倍をしておけば形がすっきりすることがわかる．しかし一般的には何倍すればよいかわからないのでまず強引に平方の和にすることを考える．

問 7.3

次の不等式がすべての $x_1, x_2, \cdots, x_n \in \mathbf{R}$ に対して成立するような n を求めよ．

$$x_1^2 + x_2^2 + \cdots + x_n^2 \geq \frac{6}{5}(x_1x_2 + x_2x_3 + \cdots + x_{n-1}x_n)$$

補題 7.4

$x_i \geq 0, i = 1, 2, \cdots, n$ に対して $n \geq 5$ ならば次の不等式を満たす i が存在する．

$$x_1 + x_2 + \cdots + x_n \geq x_i + 2(x_{i-1} + x_{i+1}).$$

ただし $x_n = x_0, x_{n+1} = x_1$.

[証明] すべての i に対して成立しないとすると

$$x_1 + x_2 + \cdots + x_n < x_i + 2(x_{i-1} + x_{i+1}).$$

ここで $x_1 + x_2 + \cdots + x_n = k$ とおき，$i = 1, 2, \cdots, n$ の和をとる．

$$nk < k + 2(2k)$$

$n < 5$ となり仮定に反する．したがって

$$k \geq x_i + 2(x_{i-1} + x_{i+1}),$$

なる i が存在する． □

定理 7.5

$x_i \geq 0, i = 1, 2, \cdots, n$ に対して $n \geq 4$ ならば次の不等式が成り立つ．

$$(x_1 + x_2 + \cdots + x_n)^2$$
$$\geq 4(x_1 x_2 + x_2 x_3 + \cdots + x_{n-1} x_n + x_n x_1).$$

[証明] n に関する帰納法で証明する．

$n = 4$ の場合：

$$(x_1 + x_2 + x_3 + x_4)^2 - 4(x_1 x_2 + x_2 x_3 + x_3 x_4 + x_4 x_1)$$
$$= \{(x_1 + x_3) - (x_2 + x_4)\}^2 \geq 0.$$

補題 7.4 より次の不等式を満たす i が存在する.
$$x_1 + \cdots + x_i + \cdots + x_n \geq x_i + 2(x_{i-1} + x_{i+1}).$$

この i に関して和を分ける.

$(x_1 + \cdots + x_i + \cdots + x_n)^2$
$$\qquad - 4(x_1 x_2 + \cdots + x_{i-1} x_i + x_i x_{i+1} + \cdots + x_n x_1)$$
$= \left\{ x_i + (x_1 + \cdots + x_{i-1} + x_{i+1} \cdots + x_n) \right\}^2$
$$\qquad - 4(x_1 x_2 + \cdots + x_{i-2} x_{i-1} + x_{i+1} x_{i+2} + \cdots + x_n x_1)$$
$$\qquad - 4(x_{i-1} x_i + x_i x_{i+1})$$
$= x_i^2 + 2(x_1 + \cdots + x_{i-1} + x_{i+1} \cdots + x_n) x_i$
$$\qquad + (x_1 + \cdots + x_{i-1} + x_{i+1} \cdots + x_n)^2$$
$$\qquad - 4(x_1 x_2 + \cdots + x_{i-2} x_{i-1} + x_{i+1} x_{i+2} + \cdots + x_n x_1)$$
$$\qquad - 4 x_i (x_{i-1} + x_{i+1})$$
$= x_i^2 + 2(k - x_i) x_i - 4 x_i (x_{i-1} + x_{i+1})$
$$\qquad + (x_1 + \cdots + x_{i-1} + x_{i+1} \cdots + x_n)^2$$
$$\qquad - 4(x_1 x_2 + \cdots + x_{i-2} x_{i-1} + x_{i+1} x_{i+2} + \cdots + x_n x_1).$$

帰納法の仮定より
$$\geq x_i^2 + 2 x_i \Big\{ (k - x_i) - 2(x_{i-1} + x_{i+1}) \Big\}$$

補題 7.4 より後ろの項は 0 より大きい. したがって
$$(x_1 + x_2 + \cdots + x_n)^2 - 4(x_1 x_2 + x_2 x_3 + \cdots + x_{n-1} x_n + x_n x_1)$$
$$\geq 0.$$
□

7.2 シャピロの不等式

巡回型不等式でよく知られたものはシャピロ (Shapiro) の不等式である．

$$x_j \geq 0, \quad x_j + x_{j+1} > 0, \quad x_{j+n} = x_j,$$

に対して

$$S_n(x_1, \cdots, x_n) : \sum_{j=1}^{n} \frac{x_j}{x_{j+1} + x_{j+2}} \geq \frac{n}{2}. \tag{7.1}$$

この不等式に関してモーデル (Mordell) は「見た目の単純さと n の値によって証明が異なり，しかも成立していない例があることなどから興味を引く」と書いている．

ここでは $n = 3, 4, 5$ の場合だけを考えてみる．

$n = 3$ の場合：$y_1 = x_2 + x_3, y_2 = x_3 + x_1, y_3 = x_1 + x_2$ とおき，6 個の元に対する算術・幾何平均の不等式を使う．

$$\frac{y_2 + y_3}{y_1} + \frac{y_3 + y_1}{y_2} + \frac{y_1 + y_2}{y_3} \geq 6.$$

したがって

$$\frac{2x_1}{x_2 + x_3} + \frac{2x_2}{x_3 + x_1} + \frac{2x_3}{x_1 + x_2} \geq 3.$$

$n \leq 6$ に対してモーデルは巧妙な変形をして証明した．$y_j = x_{j+1} + x_{j+2}$ として，ただし添え字は巡回的につける．

$$\left(\sum_{j=1}^{n} \frac{x_j}{y_j} \right) \left(\sum_{j=1}^{n} x_j y_j \right) = \left(\sum_{j=1}^{n} x_j \right)^2 + \sum_{j,k=1}^{n} x_j y_j \frac{(y_j - y_k)^2}{y_j y_k}$$

だから不等式

$$\left(\sum_{j=1}^{n} x_j\right)^2 \geq \frac{n}{2}\sum_{j=1}^{n} x_j y_j \tag{7.2}$$

が成立すればシャピロの不等式 (7.1) が言える.

$n=4$ の場合：(7.2) は

$$\left(\sum_{i=1}^{4} x_i\right)^2 \geq 2\{x_1(x_2+x_3) + x_2(x_3+x_4) \\ + x_3(x_4+x_1) + x_4(x_1+x_2)\}$$

となり左辺から右辺を引くと

$$(x_1-x_3)^2 + (x_2-x_4)^2 \geq 0.$$

$n=5$ の場合：今度は別な不等式から出発する.

$$(n-1)\left(\sum_{i=1}^{n} x_i\right)^2 \geq 2n\sum_{i<j} x_i x_j. \tag{7.3}$$

まず $n=5$ のときにだけ起こる状況がある.

$$\sum_{i<j} x_i x_j = \sum_{i=1}^{n} x_i y_i.$$

そして $\dfrac{2n}{n-1} = \dfrac{n}{2}$, したがってこの場合は (7.2) と (7.3) は同値.

問 7.6

任意の実数に対して (7.3) が成り立つことを証明せよ.

一方，かなり早くから反例 ($n=20$) が見つかっている．しかも次の関係式が成立することから $n=n_0$ に対して反例ならば $n_0+2, n_0+4, \cdots$ に対しても反例である．

$$S_{n+2}(x_1,\cdots,x_n,x_{n-1},x_n) = S_n(x_1,\cdots,x_n) + 1.$$

1971 年にドリンフェルト（V.G.Drinfeld）が驚くべき結果を証明した．

$$S_n(x_1,\cdots,x_n) \geq 0.989133\cdots \times \frac{n}{2}.$$

すなわち（7.1）が成立する場合が逆にあまり多くない．また $\frac{n}{2}$ の係数 $0.989133\cdots$ は代数的な数でないことも示されている．

注：ドリンフェルトの 17 歳のときの論文である．もちろん 1990 年のフィールズ賞受賞者と同一人物である．

残りの場合がコンピューターを使って計算され遂に 1989 年に解決された．

定理7.7　Troesch

シャピロの不等式は $n \leq 12$ で偶数ならば成立する．また $n \leq 23$ で奇数ならば成立する．それ以外の n に対して成立しない．

シャピロの不等式が完全に解決したので色々な方向に問題は展開してきた．例えば次のような不等式も研究対象の一つである．

$$P(n,p,q): \frac{x_1}{px_2+qx_3} + \frac{x_2}{px_3+qx_4} + \cdots + \frac{x_{n-1}}{px_n+qx_1} + \frac{x_n}{px_1+qx_2},$$
ただし $p,q > 0$ で $p+q > 0$．

このとき

$$P(n,p,q) \geq \frac{n}{p+q} \tag{7.4}$$

がシャピロの不等式の一般化である．

問 7.8

$n = 3$ の場合，すなわち $P(3, p, q) \geq \dfrac{3}{p+q}$ が成り立つことを証明せよ．

ヒント：コーシーの不等式を使う．

まず (7.4) の両辺に $p+q$ をかけると，$\dfrac{p}{p+q} + \dfrac{q}{p+q} = 1$ より最初から $p+q = 1$ としても一般性を失わない．

$n = 4$ の場合を考える．

$$P(4, p, q) \geq 4 \tag{7.5}$$

定理 7.9

$p \geq q$ ならば (7.5) は成立する．

[証明] コーシーの不等式から

$$(x_1 + x_2 + x_3 + x_4)^2$$
$$\leq P(4, p, q)[x_1(px_2 + qx_3) + x_2(px_3 + qx_4)$$
$$+ x_3(px_4 + qx_1) + x_4(px_1 + qx_2)].$$

したがって

$$P(4, p, q) \geq \frac{(x_1 + x_2 + x_3 + x_4)^2}{px_1x_2 + 2qx_1x_3 + px_1x_4 + px_2x_3 + 2qx_2x_4 + px_3x_4}.$$

等号は

$$px_2 + qx_3 = px_3 + qx_4 = px_4 + qx_1 = px_1 + qx_2$$

のときにのみ成立する．

次の 2 次形式を考える

$$f(x_1, x_2, x_3, x_4)$$
$$= (x_1 + x_2 + x_3 + x_4)^2 - 4(px_1x_2 + 2qx_1x_3 + px_1x_4$$
$$+ px_2x_3 + 2qx_2x_4 + px_3x_4).$$

この 2 次形式を強引に平方の和にする．

$$f(x_1, x_2, x_3, x_4) = t_1^2 + 4pqt_2^2 + \frac{4q(2p-1)}{p}t_3^2 \qquad (7.6)$$

ここで

$$t_1 = x_1 + (1-2p)x_2 + (1-4q)x_3 + (1-2p)x_4,$$
$$t_2 = x_2 + \frac{1-2p}{p}x_3 - \frac{q}{p}x_4,$$
$$t_3 = x_3 - x_4.$$

したがって $p \geq q$, すなわち $p \geq \frac{1}{2}$ ならば $f(x_1, x_2, x_3, x_4) \geq 0$. よって $P(4, p, q) \geq 4$ が証明された． □

線形代数で扱った正の定符号の 2 次形式を思い出せば強引な計算をしなくてもできる．

問 7.10
(7.6) の $f(x_1, x_2, x_3, x_4) = 0$ となる場合について検討せよ．

問 7.11
$p < q$, すなわち $p < \frac{1}{2}$ の場合で，$x_1 = x_3 = a$, $x_2 = x_4 = b$. ただし $a \neq b$ とすれば (7.5) の反例になっていることを示せ．

コラム　ビーバーバッハの予想

ビーバーバッハが1916年に出した予想で，$n=2$ のときは本人が証明している．関数論で単葉関数を習うと出てくるので，一度は名前を聞いたことがあるだろう．しかし，単位をとるためにやっている学生にはその難しさはまったくわからない．ただ係数が実数だと簡単に解決できるのが不思議だと思うぐらいである．

定理（1985年，de Branges）　$f(z) = z + a_2 z^2 + \cdots + a_n z^n + \cdots$ を $|z| < 1$ において，正則かつ単葉とすれば，
$$|a_n| \leq n.$$

等号は，
$$f_0 = \frac{z}{(1-z)^2} = z + 2z^2 + 3z^3 + \cdots + nz^n + \cdots$$
で成立する．

第 8 章

マシューの不等式

　最後の章では今まで扱ってこなかったいくつかの話題を紹介する．ヤングの不等式は入試問題でも色々な形で取り上げられている．連続関数を多項式で近似するワイヤストラスの定理を具体的な多項式を作って示す．最近活発な研究がされている関数方程式の安定性の問題をコーシーの関数方程式を例にとって考える．数列の形で証明されている多くの不等式を積分の形に直して検討する．古田の不等式は関数解析で非常に重要な不等式であるが，いままでみてきたものとは違うので少し戸惑うかもしれない．証明は 1 ページに纏められた洗練されたもので短編傑作論文である．

8.1 ヤングの不等式

ヤングの不等式を変形したものが受験雑誌にもよくでている．あまり目にしないがヤングの不等式の逆を証明抜きで書いた．日本人が証明したのに一般化の多くは外国で研究されている．

例題 8.1

$a > 0, b > 0$ のとき，次の不等式を証明せよ．
$$\int_0^a x^2 dx + \int_0^b \sqrt{x} dx \geq ab.$$

[証明] 簡単な積分なので計算すると与えられた不等式は
$$\frac{a^3}{3} + \frac{2}{3} b^{\frac{3}{2}} \geq ab$$

と変形できる．両辺を ab で割ると
$$\frac{a^2}{b} + 2\frac{\sqrt{b}}{a} \geq 3.$$

これが証明できればよい．ここで $\frac{a}{\sqrt{b}} = x$ とおく．$a, b > 0$ より $x > 0$,
$$x^2 + \frac{2}{x} \geq 3.$$

これは簡単に因数分解できて
$$\frac{(x-1)^2(x+2)}{x} \geq 0.$$

等号は $x = 1$ のとき，元の式に戻すと $a^2 = b$ の場合に限る． □

これは次のヤングの不等式の特別な場合である．

定理 8.2　ヤングの不等式

$f(x)$ は $[0,c]$ で連続な単調増加関数で $f(0)=0$ とする．また $g(x)$ は $f(x)$ の逆関数とする．$a \in [0,c], b \in [0,f(c)]$ に対して次の不等式が成り立つ．

$$\int_0^a f(x)dx + \int_0^b g(x)dx \geq ab.$$

[証明]
$$h(a) = ab - \int_0^a f(x)dx$$

とおく．$h'(a) = b - f(a)$ で $f(x)$ は単調増加関数だから増減表は

$$0 < a < g(b) \text{ では } h'(a) > 0,$$
$$a = g(b) \text{ では } h'(a) = 0,$$
$$a > g(b) \text{ では } h'(a) < 0,$$

$a = g(b)$ のとき $h(a)$ は極大（図 8-1），
したがって

$$h(a) \leq h(g(b)).$$

a		$g(l)$	
h'	$+$	0	$-$
h	↗	極大	↘

図 8-1

部分積分をして

$$h(g(b)) = bg(b) - \int_0^{g(b)} f(x)dx = \int_0^{g(b)} xf'(x)dx.$$

$y = f(x)$ と変換すると

$$h(g(b)) = \int_0^b g(y)dy.$$

これらより求める不等式が得られる．グラフを書いてみると不等式の意味が分かる（図 8-2）．ここで $f(x) = x^{p-1}$ とおけば第 2 章の問 2.3 が得られる．

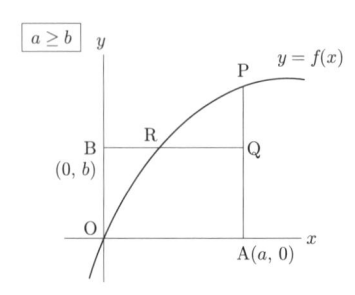

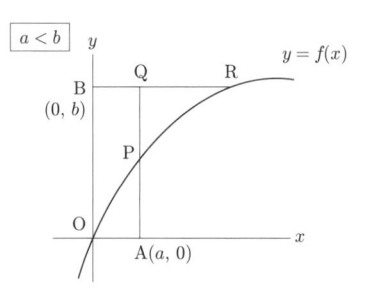

図 8-2

$$ab \leq \frac{a^p}{p} + \frac{b^q}{q}, \quad \frac{1}{p} + \frac{1}{q} = 1$$

□

$p=q=2$ の場合が算術・幾何平均の不等式である．

ヤングの不等式の逆は 1932 年に証明されている．

定理 8.3　Takahashi Tatsuo

$x \geq 0$ に対して $f(x), g(x)$ は連続な単調増加関数で $f(0) = g(0) = 0$ と $x \geq 0$ に対して $g^{-1}(x) \geq f(x)$ とする．ただし $g^{-1}(x)$ は $g(x)$ の逆関数．$a, b > 0$ に対して

$$\int_0^a f(x)dx + \int_0^b g(x)dx \geq ab$$

ならば $g(x)$ は $f(x)$ の逆関数である．

8.2　マシューの不等式

物理や化学から提案される不等式は多くの場合非常に特殊な形をしている．マシュー（E.L.Mathieu）が固体の弾性問題から次の級数に直面した．

$$S(c) = \sum_{n=1}^{\infty} \frac{2n}{(n^2+c^2)^2}, \quad c > 0$$

マシューが必要としたのは $S(c)$ の値ではなく不等式だった．マシューの予想は $S(c) < \dfrac{1}{c^2}$．

定理 8.4　ベルク（Berg）

$$S(c) < \frac{1}{c^2}.$$

[証明]
$$\frac{1}{\left(n-\dfrac{1}{2}\right)^2 + c^2 - \dfrac{1}{4}} - \frac{1}{\left(n+\dfrac{1}{2}\right)^2 + c^2 - \dfrac{1}{4}}$$
$$= \frac{1}{n^2 - n + c^2} - \frac{1}{n^2 + n + c^2} = \frac{2n}{(n^2+c^2)^2 - n^2} > \frac{2n}{(n^2+c^2)^2}$$

ここで $n = 1, 2, \cdots$ で和をとる．

$$S(c) < \frac{1}{c^2}. \qquad \square$$

さらに両方からの良い評価も得られる．

定理 8.5

十分大きな c に対して
$$\frac{1}{c^2} - \frac{1}{2c^4} + O\left(\frac{1}{c^6}\right) < S(c) < \frac{1}{c^2} - \frac{1}{16c^4} + O\left(\frac{1}{c^5}\right).$$

[証明]　左辺だけを証明する．

$$\frac{1}{\left(n-\frac{1}{2}\right)^2 + c^2 + \frac{1}{4}} - \frac{1}{\left(n+\frac{1}{2}\right)^2 + c^2 + \frac{1}{4}}$$
$$= \frac{2n}{\left(n^2 + c^2 + \frac{1}{2} - n\right)\left(n^2 + c^2 + \frac{1}{2} + n\right)}$$
$$= \frac{2n}{\left(n^2 + c^2 + \frac{1}{2}\right)^2 - n^2}$$

一方
$$\left(n^2 + c^2 + \frac{1}{2}\right)^2 - n^2 = (n^2 + c^2)^2 + c^2 + \frac{1}{4} > (n^2 + c^2)^2.$$

よって
$$\frac{2n}{\left(n^2 + c^2 + \frac{1}{2}\right)^2 - n^2} < \frac{2n}{(n^2 + c^2)^2}$$

ここで $n = 1, 2, \cdots$ の和をとる.
$$\frac{1}{c^2 + \frac{1}{2}} < S(c).$$

よって，十分大きな c に対して
$$S(c) > \frac{1}{c^2 + \frac{1}{2}} = \frac{1}{c^2} - \frac{1}{2c^4} + O\left(\frac{1}{c^5}\right).$$

□

不等式ではないが，漸近展開表示がある.

定義 8.6

任意の $n = 0, 1, \ldots,$ に対して

$$\lim_{|x|\to\infty} x^n \left[f(x) - \sum_{k=0}^{n} \frac{a_k}{x^k} \right] = 0$$

ならば $\sum_{k=0}^{\infty} \frac{a_k}{x^k}$ は $f(x)$ の漸近展開と呼ばれ以下のように書く.

$$f(x) \approx \sum_{k=0}^{\infty} \frac{a_k}{x^k}$$

注：この表現は一意的ではない．例えば $f(x) \approx \sum_{k=0}^{\infty} \frac{a_k}{x^k}$ ならば以下のようになる．

$$f(x) + e^{-x} \approx \sum_{k=0}^{\infty} \frac{a_k}{x^k}.$$

定理 8.7

$$S(c) \approx \sum_{k=0}^{\infty} (-1)^k \frac{B_{2k}}{c^{2k+2}} = \frac{1}{c^2} - \frac{1}{6c^4} - \frac{1}{30c^6} - \cdots.$$

ここで $B_{2k}(k = 0, 1, \cdots)$ は $2i$ 番目のベルヌーイ数である．ベルヌーイ数は次の式で定義されている．

$$\frac{x}{e^x - 1} = \sum_{n=0}^{\infty} B_n \frac{x^n}{n!}, \quad \text{ただし } |x| < 2\pi.$$

[証明] 項別微分，積分や極限をとる操作は十分注意する必要がある．ここでは少し乱暴だが流れを見てほしい．最初に

$$S(c) = \frac{1}{c} \int_0^\infty \frac{x}{e^x - 1} \sin cx \, dx$$

を示す．
$$\frac{n}{(n^2+c^2)^2} = \frac{i}{4c}\left[\frac{1}{(n+ic)^2} - \frac{1}{(n-ic)^2}\right], \quad n>0.$$

ガンマ関数の定義を思い出す．
$$\frac{\Gamma(s)}{u^s} = \int_0^\infty x^{s-1}e^{-ux}dx.$$
$$\frac{\Gamma(2)}{u^2} = \int_0^\infty xe^{-ux}dx,$$

ここで $u = n+ic$ とおくと，
$$\frac{\Gamma(2)}{(n+ic)^2} = \int_0^\infty xe^{-nx-icx}dx$$

より
$$\Gamma(2)\left[\frac{1}{(n+ic)^2} - \frac{1}{(n-ic)^2}\right] = \int_0^\infty xe^{-nx}(e^{-icx} - e^{icx})dx$$
$$= -2i\int_0^\infty xe^{-nx}\sin cx\, dx.$$

したがって
$$\Gamma(2)\sum_{n=1}^N\left[\frac{1}{(n+ic)^2} - \frac{1}{(n-ic)^2}\right]$$
$$= -2i\int_0^\infty xe^{-x}\sin cx\frac{1-e^{-Nx}}{1-e^{-x}}dx$$
$$= -2i\int_0^\infty \frac{x}{e^x-1}(1-e^{-Nx})\sin cx\, dx,$$

ここで $N\to\infty$ にすると
$$S(c) = \sum_{n=1}^\infty \frac{2n}{(n^2+c^2)^2} = \frac{1}{c}\int_0^\infty \frac{x}{e^x-1}\sin cx\, dx.$$

$g(x) = \dfrac{x}{e^x-1} = \displaystyle\sum_{n=0}^\infty B_n\frac{x^n}{n!}$ とおき部分積分をする．

$$cS(c) = \int_0^\infty g(x) \sin cx\, dx$$
$$= \frac{1}{c}\Big[-g(x)\cos cx\Big]_0^\infty + \frac{1}{c}\int_0^\infty g'(x)\cos cx\, dx.$$

よって
$$c^2 S(c) = 1 + \int_0^\infty g'(x)\cos cx\, dx.$$

$I_1(c) = c^4\left[S(c) - \dfrac{1}{c^2}\right]$ とおけば

$$I_1(c) = c^2 \int_0^\infty g'(x)\cos cx\, dx$$
$$= \Big[cg'(x)\sin cx\Big]_0^\infty - \int_0^\infty g''(x) c \sin cx\, dx$$
$$= \Big[g''(x)\cos cx\Big]_0^\infty - \int_0^\infty g'''(x)\cos cx\, dx$$
$$= -B_2 - \int_0^\infty g'''(x)\cos cx\, dx.$$

$$g^{(k)}(x) = (-1)^k \frac{xP_k(e^x) - Q_k(e^x)}{(e^x - 1)^{k+1}}, \quad k = 0, 1, \cdots. \qquad (8.1)$$

ここで $P_k(u), Q_k(u)$ は k 次の多項式.

$$\lim_{c\to\infty} I_1(c) = -B_2 = -\frac{1}{6}.$$
$$I_k(c) = c^{2k+2}\left[S(c) - \frac{1}{c^2} + \frac{|B_2|}{c^4} + \cdots + \frac{|B_{2k-2}|}{c^{2k}}\right] \qquad (8.2)$$
$$I_k(c) = (-1)^{k-1} c^2 \int_0^\infty g^{(2k-1)}(x)\cos cx\, dx, \quad (k \geq 2)$$

に部分積分を繰り返し，(8.1) に注意すれば

$$\lim_{x \to \infty} g^{(2k-1)}(x) = 0$$

$$I_k(c) = (-1)^{k+1}[g^{(2k)}(x)\cos cx]_0^\infty + (-1)^k \int_0^\infty g^{(2k+1)}(x)\cos cx dx,$$

$$I_k(c) = -|B_{2k}| + (-1)^k \int_0^\infty g^{(2k+1)}(x)\cos cx dx. \qquad (8.3)$$

したがって帰納法を使えば

$$I_{k+1}(c) = c^{2k+4}\left[S(c) - \frac{1}{c^2} + \frac{|B_2|}{c^4} + \cdots + \frac{|B_{2k}|}{c^{2k+2}}\right]$$
$$= (-1)^k c^2 \int_0^\infty g^{(2k+1)}(x)\cos cx dx.$$

(8.3) から誤差は

$$|I_k(c)| < |B_{2k}| + \int_0^\infty |g^{(2k+1)}(x)|dx = M_k.$$

よって

$$\left|S(c) - \frac{1}{c^2} + \frac{|B_2|}{c^4} + \cdots + \frac{|B_{2k-2}|}{c^{2k}}\right| < \frac{M_k}{c^{2k+2}}. \qquad \square$$

もう少し一般的に $S(c,t) = \sum_{n=1}^\infty \frac{2n}{(n^2+c^2)^{t+1}}$, $c, t > 0$ に対しても多くのことが研究されている.

8.3　近似多項式

　もっとも身近な関数は整式で，何回も微分することもできるし連続な関数である．逆に連続な関数の中に整式でないものはたくさんあるが整式で近似できるかを考えてみる．もっとも有名なものはワイヤストラスの定理である．

定理 8.8　ワイヤストラスの定理

区間 $[0,1]$ で定義された連続関数 $f(x)$ に対して，任意に与えられた正数 ϵ に対して整式 $P(x)$ を適当にとれば，不等式

$$|f(x) - P(x)| < \epsilon \tag{8.4}$$

がすべての $x \in [0,1]$ について成立するようにできる．

[証明]　いろいろ知られているが，ここではベルンシュタインによる構成的な証明を検討する．

$$B_n(x) = \sum_{k=0}^{n} \binom{n}{k} x^k (1-x)^{n-k} f\left(\frac{k}{n}\right)$$

とおく．これは x に関して高々 n 次の整式でベルンシュタイン整式といわれている．この $B_n(x)$ が求める $P(x)$ である．

$$\lim_{n \to \infty} B_n(x) = f(x)$$

準備として 3 つの等式が必要である．

$$\sum_{k=0}^{n} \binom{n}{k} x^k (1-x)^{n-k} = 1, \tag{8.5}$$

$$\sum_{k=0}^{n} k \binom{n}{k} x^k (1-x)^{n-k} = nx, \tag{8.6}$$

$$\sum_{k=0}^{n} k(k-1) \binom{n}{k} x^k (1-x)^{n-k} = n(n-1)x^2. \tag{8.7}$$

(8.5) の証明：

$$\text{左辺} = \left\{x + (1-x)\right\}^n = 1.$$

(8.6) の証明：

$$\text{左辺} = \sum_{k=1}^{n} k \binom{n}{k} x^k (1-x)^{n-k}$$
$$= \sum_{k=0}^{n-1} (k+1) \binom{n}{k+1} x^{k+1} (1-x)^{n-k-1}$$
$$= nx \sum_{k=0}^{n-1} k \binom{n-1}{k} x^k (1-x)^{n-k-1} = nx.$$

(8.7) の証明：

$$\text{左辺} = \sum_{k=2}^{n} k(k-1) \frac{n!}{k!(n-k)!} x^k (1-x)^{n-k}$$
$$= \sum_{k=2}^{n} \frac{n(n-1)(n-2)!}{(k-2)!(n-k)!} x^k (1-x)^{n-k}$$
$$= n(n-1) x^2 \sum_{k=2}^{n} \binom{n-2}{k-2} x^{k-2} (1-x)^{n-k}$$
$$= n(n-1) x^2 \sum_{k=0}^{n-2} \binom{n-2}{k} x^k (1-x)^{n-2-k}$$
$$= n(n-1) x^2.$$

$$T(x) : \sum_{k=0}^{n} (k-nx)^2 \binom{n}{k} x^k (1-x)^{n-k}$$

とおく．(8.5), (8.6), (8.7) を用いて

$$T(x) = \sum_{k=0}^{n} \left(k(k-1) - (2nx-1)k + n^2 x^2 \right) \binom{n}{k} x^k (1-x)^{n-k}$$
$$= n(n-1)x^2 - (2nx-1)nx + n^2 x^2 = nx(1-x).$$

$f(x)$ は区間 $[0,1]$ で有界だから $|f(x)| \leq M$.

任意に与えられた正数 ϵ に対して $\delta > 0$ を次のようにとる．x, x'

$\in [0,1]$ で $|x - x'| < \delta$ ならば

$$|f(x) - f(x')| < \frac{\epsilon}{2}.$$
$$n > \max\left(1, \frac{M}{\epsilon \delta^2}\right)$$

となるように n をとる.

$$|f(x) - B_n(x)| = \left|\sum_{k=0}^{n}\left\{f(x) - f\left(\frac{k}{n}\right)\right\}\binom{n}{k}x^k(1-x)^{n-k}\right|$$

右辺の和を, $\left|\dfrac{k}{n} - x\right| < \delta$ となる k についての和と, $\left|\dfrac{k}{n} - x\right| \geq \delta$ となる k についての和に分ける.

$$I_1 = \left|\sum_{|\frac{k}{n}-x|<\delta}\left\{f(x) - f\left(\frac{k}{n}\right)\right\}\binom{n}{k}x^k(1-x)^{n-k}\right|$$
$$I_2 = \left|\sum_{|\frac{k}{n}-x|\geq\delta}\left\{f(x) - f\left(\frac{k}{n}\right)\right\}\binom{n}{k}x^k(1-x)^{n-k}\right|$$

として I_1, I_2 を評価する. $\left|\dfrac{k}{n} - x\right| < \delta$ ならば $\left|f(x) - f\left(\dfrac{k}{n}\right)\right| < \dfrac{\epsilon}{2}$ だから

$$I_1 \leq \frac{\epsilon}{2}\sum_{|\frac{k}{n}-x|<\delta}\binom{n}{k}x^k(1-x)^{n-k}$$
$$\leq \frac{\epsilon}{2}\sum_{k=0}^{n}\binom{n}{k}x^k(1-x)^{n-k} = \frac{\epsilon}{2}.$$

また $\left|f(x) - f\left(\dfrac{k}{n}\right)\right| \leq 2M$ だから

$$I_2 \leq 2M \sum_{|\frac{k}{n}-x|\geq \delta} \binom{n}{k} x^k (1-x)^{n-k}$$

$$\leq 2M \sum_{|\frac{k}{n}-x|\geq \delta} \left(\frac{\frac{k}{n}-x}{\delta}\right)^2 \binom{n}{k} x^k (1-x)^{n-k}$$

$$\leq \frac{2M}{n^2\delta^2} T(x)$$

$$= \frac{2Mnx(1-x)}{n^2\delta^2} \leq \frac{2M}{n\delta^2} \cdot \frac{1}{4}$$

$$= \frac{M}{2n\delta^2} < \frac{\epsilon}{2}.$$

ゆえに

$$|f(x) - B_n(x)| \leq I_1 + I_2 < \frac{\epsilon}{2} + \frac{\epsilon}{2} = \epsilon.$$

□

問 8.9

$-1 \leq x \leq 1$ ならば以下の不等式が成り立つことを示せ．

$$0 \leq |x| - x\frac{(1+x)^n - 1}{(1+x)^n + 1} < \frac{2}{\sqrt{n}}, \quad (n = 1, 2, \cdots) \tag{8.8}$$

分数式 (8.8) を級数展開する．

$$\frac{1}{(1+x)^n + 1} = \frac{1}{2^n + 1} \cdot \frac{2^n + 1}{(1+x)^n + 1}$$

$$= \frac{1}{2^n + 1} \cdot \frac{1}{1 - \frac{2^n - (1+x)^n}{2^n + 1}}$$

$$= \frac{1}{2^n + 1} \sum_{k=0}^{\infty} \left(\frac{2^n - (1+x)^n}{2^n + 1}\right)^k$$

よって

$$x\frac{(1+x)^n - 1}{(1+x)^n + 1} = \sum_{k=0}^{\infty} \frac{x((1+x)^n - 1)}{2^n + 1} \left(\frac{2^n - (1+x)^n}{2^n + 1}\right)^k.$$

n を十分大きくとって部分和をとれば $|x|$ を近似する整式になる．

$g(x+y) = g(x) + g(y)$ はよく知られているように加法的関数またはコーシーの関数方程式といわれている．$g(x)$ に条件をつければ高校生にも関数方程式を満たす解を決定できる．不等式ではないが，まず次の定理を証明する．

定理 8.10

$$g(x+y) = g(x) + g(y) \tag{8.9}$$

の連続な解は $g(x) = cx$ である．

[証明] (8.9) で $x = y$ とおくと，$g(2x) = 2g(x)$ が得られる．帰納法を用いれば $g(nx) = ng(x)$ $(n = 1, 2, \cdots)$ が得られる．

次に $nx = y$ とおけば

$$g\left(\frac{y}{n}\right) = \frac{1}{n}g(y).$$

この式から正の有理数 $\frac{m}{n}$ に対して $g\left(\frac{m}{n}\right) = mg\left(\frac{1}{n}\right) = \frac{m}{n}g(1)$．
$g(x)$ が連続だからある実数 x_0 に収束する有理数の列 $\{r_n\}$ に対して $g(r_n) = r_n g(1)$ で $\lim g(r_n) = g(x_0)$．よって，

$$g(x) = xg(1), \quad (x > 0).$$

$g(0) = 0$ で $g(x-x) = g(x) + g(-x)$．よって $g(x)$ は奇関数，$x < 0$ に対しても $g(x) = xg(1)$．

したがって解は $g(x) = cx$．　□

$f(x)$ が次の不等式を満たすとき ϵ-加法的という

$$|f(x+y) - f(x) - f(y)| \leq \epsilon \qquad (8.10)$$

定理 8.11　ハイアー（D.H.Hyers）

$f(x)$ が ϵ-加法的のとき

$$|f(x) - g(x)| \leq \epsilon \qquad (8.11)$$

を満たすコーシーの関数方程式 $g(x)$ が一意的に存在する.

[証明]　(8.10) で $x = y$ とおくと $|f(2x) - 2f(x)| \leq \epsilon$, 変形すると

$$\left|\frac{1}{2}f(2x) - f(x)\right| \leq \frac{1}{2}\epsilon. \qquad (8.12)$$

これから帰納法を用いて次が証明できる.

$$|2^{-n}f(2^n x) - f(x)| \leq (1 - 2^{-n})\epsilon. \qquad (8.13)$$

$n = 1$ は (8.12) そのもの, n まで成立していると仮定する.

$$|2^{-(n+1)}f(2^{n+1}x) - f(x)|$$
$$= |2^{-(n+1)}f(2^{n+1}x) - 2^{-n}f(2^n x) + 2^{-n}f(2^n x) - f(x)|$$
$$\leq 2^{-n}\left|\frac{1}{2}f(2 \cdot 2^n x) - f(2^n x)\right| + |2^{-n}f(2^n x) - f(x)|$$
$$\leq 2^{-(n+1)}\epsilon + (1 - 2^{-n})\epsilon$$
$$= (1 - 2^{-(n+1)})\epsilon.$$

ここで $g_n(x) = 2^{-n}f(2^n x)$ とおく. $\left\{g_n(x)\right\}_{n \in \mathbb{N}}$ がコーシー列であることを示す.

$$|g_{n+m}(x) - g_n(x)| = 2^{-n}|2^{-m}f(2^m \cdot 2^n x) - f(2^n x)|$$
$$\leq 2^{-n}(1 - 2^{-m})\epsilon < 2^{-n}\epsilon.$$

よって $g_n(x)$ は収束する.
$$\lim_{n \to \infty} g_n = g(x).$$

(8.10) より
$$2^{-n}|f(2^n(x+y)) - f(2^n x) - f(2^n y)| \leq 2^{-n}\epsilon,$$

すなわち
$$|g_n(x+y) - g_n(x) - g_n(y)| \leq 2^{-n}\epsilon.$$

ここで $n \to \infty$ にすれば
$$g(x+y) - g(x) - g(y) = 0.$$

 一意性:$g(x)$ が (8.9) を満たすとする.すると
$$|f(nx) - ng(x)| \leq \epsilon.$$

両辺を n で割って $n \to \infty$ にすれば
$$g(x) = \lim_{n \to \infty} \frac{f(nx)}{n}. \qquad \square$$

 ここではもっともよく知られた関数方程式に対して考えたが,他の関数方程式に対しても同じような問題が研究されている.すなわち与えられた不等式を満たす関数が異なる関数方程式の解と,ある幅の中に入っているとき関数方程式の安定性の問題として研究されている.

8.4 数列から積分へ

数列に関するいくつかの不等式から和の記号を積分の記号に変えることで新しい不等式が得られる．ただし，

$$1 - \frac{1}{n} < 1 + \frac{1}{n}$$

だが

$$\lim_{n \to \infty}\left(1 - \frac{1}{n}\right) = \lim_{n \to \infty}\left(1 + \frac{1}{n}\right)$$

のように極限をとると等号が入ることがあるので注意する．

算術・幾何平均の不等式に関して $f_{in} = f\left(a + \dfrac{(b-a)i}{n}\right)$，ただし，$i = 1, 2, \cdots, n$ とすれば

$$\lim_{n \to \infty} \frac{f_{1n} + f_{2n} + \cdots + f_{nn}}{n} = \frac{1}{b-a}\int_a^b f(x)dx,$$

$$\lim_{n \to \infty} \sqrt[n]{f_{1n} \cdot f_{2n} \cdots f_{nn}}$$
$$= \lim_{n \to \infty} \exp \frac{\log f_{1n} + \log f_{2n} + \cdots + \log f_{nn}}{n}$$
$$= \exp\left\{\frac{1}{b-a}\int_b^a \log f(x)dx\right\}.$$

これから以下の定理が導ける．

定理 8.12

$$\frac{1}{b-a}\int_a^b f(x)dx \geq \exp\left\{\frac{1}{b-a}\int_b^a \log f(x)dx\right\}.$$

いくつかの積分の不等式を求める前にまず数列に対する次の不等式を証明する．

定理 8.13

$0 < m \le a_i \le M, i = 1, 2, \cdots, n$ に対して

$$\left(\frac{1}{n}\sum_{i=1}^{n} a_i\right)\left(\frac{1}{n}\sum_{i=1}^{n}\frac{1}{a_i}\right) \le \frac{(m+M)^2}{4mM}.$$

[証明] 簡単な式から出発する：$\dfrac{(a_i - M)(a_i - m)}{a_i} \le 0$ を変形して $a_i + \dfrac{mM}{a_i} \le m + M$.

$i = 1, 2, \cdots, n$ までを加えると

$$\sum a_i + mM \sum \frac{1}{a_i} \le n(m + M)$$

が得られる．ここで $\sum a_i = A, \sum \dfrac{1}{a_i} = H$ とおき，$A + mMH \le n(m+M)$ の両辺に mMH をかける．

$$mMAH \le mnHM(m+M) - m^2H^2M^2$$
$$= \{n(m+M) - mHM\}mHM.$$

ここで右辺の最初の項を2個の算術・幾何平均の不等式で評価する．

$$\frac{\{n(m+M) - mHM\} + mHM}{2}$$
$$\ge \sqrt{\{n(m+M) - mHM\}mHM},$$

したがって

$$\left(\frac{1}{n}\sum_{i=1}^{n} a_i\right)\left(\frac{1}{n}\sum_{i=1}^{n}\frac{1}{a_i}\right) \le \frac{(m+M)^2}{4mM}.$$

□

問 8.14

$0 < m \leq f(x) \leq M$ で $f(x), \dfrac{1}{f(x)}$ が区間 $[a,b]$ で積分可能ならば以下の不等式が成り立つことを示せ.

$$\int_a^b f(x)dx \int_a^b \frac{1}{f(x)}dx \leq \frac{(m+M)^2}{4mM}(b-a)^2.$$

問 8.15

$f(x) \geq 0$, $g(x) \geq 0$ は区間 $[a,b]$ で連続な関数である $\dfrac{1}{p} + \dfrac{1}{q} = 1$ のとき $1 < p$ ならば

$$\int_a^b f(x)g(x)dx \leq \left(\int_a^b (f(x))^p dx\right)^{\frac{1}{p}} \left(\int_a^b (g(x))^q dx\right)^{\frac{1}{q}}.$$

が成り立つことを示せ. 等号は $A(f(x))^p = B(g(x))^q$ のときに成立する.

定理 8.16

区間 $[a,b]$ で実関数で $f(x), g(x)$ は積分可能ならば

$$\left(\int_a^b (f(x)g(x))dx\right)^2 \leq \left(\int_a^b (f(x))^2 dx\right) \left(\int_a^b (g(x))^2 dx\right).$$

等号は $f(x) = kg(x)$ のときに成立.

[証明] 任意の実数 t に対して

$$\int_a^b (tf(x) + g(x))^2 dx \geq 0.$$

展開すると

$$t^2 \int_a^b (f(x))^2 dx + 2t \int_a^b f(x)g(x)dx + \int_a^b (g(x))^2 dx \geq 0$$

t に関する 2 次関数だから判別式は負となる.

$$\left(\int_a^b (f(x))^2 dx\right)\left(\int_a^b (g(x))^2 dx\right) \geq \left(\int_a^b (f(x)g(x))dx\right)^2.$$
□

問 8.17

区間 $[a,b]$ で $f(x), g(x)$ はともに増加または減少すれば以下の不等式が成り立つことを示せ．

$$\left(\frac{1}{b-a}\int_a^b f(x)dx\right)\left(\frac{1}{b-a}\int_a^b g(x)dx\right) \leq \frac{1}{b-a}\int_a^b f(x)g(x)dx.$$

問 8.18

区間 $[a,b]$ で連続な関数 $f(x) > 0, g(x) > 0$ で $p > 1$ ならば以下の不等式が成り立つことを示せ．

$$\left(\int_a^b (f(x)+g(x))^p dx\right)^{\frac{1}{p}} \leq \left(\int_a^b (f(x))^p dx\right)^{\frac{1}{p}} + \left(\int_a^b (g(x))^p dx\right)^{\frac{1}{p}}.$$

最後に，非常に応用範囲が広い古田の不等式を紹介する．本来はヒルベルト空間上の有界線形作用素に関する定理だが，言葉の準備が大変なので行列の言葉に直す．行列 A が正定値行列とは，エルミート行列で固有値がすべて正または 0 のときで記号で $A \geq 0$ と書く．例でみる．

$$A = \begin{pmatrix} 2 & 1 \\ 1 & 2 \end{pmatrix}$$

の固有値は $1, 3$ で正だから $A \geq 0$．一方，

$$B = \begin{pmatrix} 1 & 2 \\ 2 & 1 \end{pmatrix}$$

の固有値は $-1, 3$ だから B は正定値行列ではない．

二つの正定値行列 A, B が $A - B \geq 0$ のとき $A \geq B$ と書く．普通の実数では $a \geq b \geq 0$ であれば $a^2 \geq b^2 \geq 0$ が成り立つ．では正定値行列ではどうであろうか．次の例をみると成り立つこともあるが成り立たないこともある．

成り立つ例：
$$A = \begin{pmatrix} 2 & 1 \\ 1 & 2 \end{pmatrix}, \quad B = \begin{pmatrix} 1 & 1 \\ 1 & 1 \end{pmatrix}$$

とする．$A \geq B$ で $A^2 \geq B^2$．

成り立たない例：
$$A = \begin{pmatrix} 2 & 1 \\ 1 & 2 \end{pmatrix}, \quad B = \begin{pmatrix} 1 & 0 \\ 0 & 0 \end{pmatrix}$$

とする．$A \geq B$ だが $A^2 \geq B^2$ は成り立たない．したがって今まで扱ってきた不等式とはかなり異なる．

線形代数でエルミート行列の固有値 $\lambda_1, \cdots, \lambda_n$ はすべて実数で適当なユニタリ行列 U をとれば対角化できることを習った．

$$U^{-1}AU = \begin{pmatrix} \lambda_1 & 0 & \cdots & 0 \\ 0 & \lambda_2 & \cdots & 0 \\ \vdots & \vdots & \ddots & \vdots \\ 0 & 0 & \cdots & \lambda_n \end{pmatrix} = \Lambda,$$

任意の実数 α に対して

$$A^\alpha = U\Lambda^\alpha U^{-1}$$

を意味する．このとき次の定理が知られている．

定理 8.19　Lowner-Hein の定理

$A \geq B \geq 0$ であれば $1 \geq \alpha \geq 0$ なる α に対して

$$A^\alpha \geq B^\alpha$$

が成り立つ．

定理 8.20

$A \geq B \geq 0$ であっても $\alpha > 1$ に対しては必ずしも $A^\alpha \geq B^\alpha$ が成り立つとは限らない．

古田の不等式はこれらの定理を含むもので証明はとてもエレガントなものである．

定理 8.21　古田の不等式

$A \geq B \geq 0$ ならば $r \geq 0$ に対して

$$(B^r A^p B^r)^{\frac{1}{q}} \geq B^{\frac{(p+2r)}{q}}$$

が成り立つ．ここで $p \geq 0, q \geq 1, (1+2r)q \geq p+2r$．

参考文献

[1] *Journal of Inequalities in Pure and Applications*

以前は不等式の国際会議が開かれてそこでの論文が本になっていたが，不等式の専門雑誌ができたので今まで見たことがないような不等式に触れる機会が増えた．この雑誌が非常に便利なのはインターネットで公開されており，誰でもすべての論文を読むことができること．

[2] *PUBLIKACIJE Mathematika i Fizika*

ベオグラード大学から出ている紀要だが，多くの論文が不等式に関するもので伝統を感じる．

[3] *Handbook of Means and their inequalities*, P.S. Bullen 著，1988 年，Kluwer Academic Pub.

算術平均と幾何平均の不等式を中心にした本で算術平均と幾何平均の不等式の証明も 70 以上出ている．この本が出版された後も新しい証明が次々と発表されている．

[4] *Analytic Inequalities*, D.S. Mitrinovic 著，1970 年，Springer-Verlag

一応分類はされているが不等式がこれでもかというほど並んでいていくら眺めていても飽きない．

[5] *Inequalities*, Hardy, Littlewood, Polya 著，1934 年，Cambridge Univ. Press

もっとも本格的な不等式の本である．翻訳がシュプリンガー数学ク

ラシックスから出ている（「不等式」細川尋史訳，2003 年）．

[6] 不等式入門，渡部隆一著，1969 年，森北出版

凸関数を中心に古典的な不等式の証明を展開し，n 個の変数まで考察している．大変面白い本である．2005 年に増補版が出版されている．

問題の解答

🌿**第 1 章**

問 1.7 n に関する帰納法による．$n=2$ のとき定理 1.5 から $a_1 \geq b_1 > 0$ の両辺に $a_2 > 0$ をかけると $a_1 a_2 \geq b_1 a_2$．また $a_2 \geq b_2 > 0$ の両辺に $b_1 > 0$ をかけると $a_2 b_1 \geq b_2 b_1 > 0$．定理 1.2 から $a_1 a_2 \geq b_1 b_2$．一般も同様である．

問 1.9 有理数だから $r = \frac{m}{n}$ と表せる．定理 1.8 より $a^m > b^m$，したがって $\sqrt[n]{a^m} > \sqrt[n]{b^m}$，すなわち $a^r > b^r$．$r < 0$ も同様である．また，r が実数でも同じように成り立つ．証明は r に収束する有理数列を考えればよい．ただし，極限をとることによって等号が成立することがあるので丁寧に扱う必要がある．仮に r が実数で $a^r \geq b^r$ となったとする．ここで等号が成り立つと $a^r = b^r$ 仮定する．$a = (a^r)^{\frac{1}{r}} = (b^r)^{\frac{1}{r}} = b$ となり，$a > b$ に矛盾する．よって r が実数の場合でも $a^r > b^r$ が成り立つ．

問 1.13 右辺から左辺を引き変形するだけである．$3(a^2+b^2+c^2) - (a+b+c)^2 = 2a^2+2b^2+2c^2-2ab-2bc-2ca = (a-b)^2+(b-c)^2+(c-a)^2 \geq 0$．したがって，等号は $a=b=c$ のときだけである．

問 1.23 絶対値が外れる条件を調べたほうが簡単である．この場合は $x = 2, -\frac{4}{3}$ の 2 点である．$x \geq 2$ の場合：$x-2-(3x+4) \leq 2$，これより $x \geq -4$．条件の $x \geq 2$ とあわせて $x \geq 2$．$-\frac{4}{3} \leq x < 2$ の場合：$-(x-2)-(3x+4) \leq 2$，これから $x \geq -1$．よって条件とあわせて $-1 \leq x < 2$．$x < -\frac{4}{3}$ の場合：$-(x-2)+(3x+4) \leq 2$．これより $x \leq -2$．条件とあわせて $x \leq -2$．よって $x \geq -1$ または $x \leq -2$．

問 1.28 グラフより $f(x) \geq -\frac{D}{4a}$, 等号は $x = -\frac{b}{2a}$ のときにのみ成立. このことと (i) から (iii) が得られる. (iv) の場合は y 軸と交点があるので $f(x) = a(x - \alpha_1)(x - \alpha_2)$ となる. グラフより明らかである (図 A-1). $a < 0$ の場合はグラフがひっくり返るだけである.

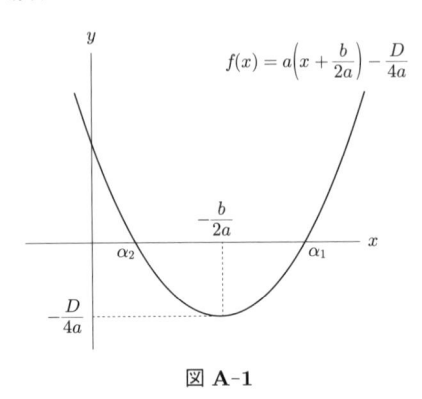

図 **A-1**

問 1.33 $\sin a = \cos a$ のときは明らか. $y = \frac{x^2 + x \sin a + 1}{x^2 + x \cos a + 1}$ とおいて x の 2 次方程式に直す. $(y-1)x^2 + (y \cos a - \sin a)x + (y-1) = 0$. 判別式が負ではないから, $(y \cos a - \sin a)^2 - 4(y-1)^2 \geq 0$. これより, $y_1 \leq y \leq y_2$. ここで y_1, y_2 は $(y \cos a - \sin a)^2 - 4(y-1)^2 = 0$ の解で $\frac{2-\sin a}{2-\cos a}, \frac{2+\sin a}{2+\cos a}$. したがって, 問題の不等式は任意の実数 a に対して次の二つの不等式を証明できればよい. $\frac{1}{3}(4-\sqrt{7}) < \frac{2-\sin a}{2-\cos a} < \frac{1}{3}(4+\sqrt{7}) \cdots$ (A.1), $\frac{1}{3}(4-\sqrt{7}) < \frac{2+\sin a}{2+\cos a} < \frac{1}{3}(4+\sqrt{7}) \cdots$ (A.2). (A.2) は (A.1) で a の変わりに $a + \pi$ を代入すると得られるから (A.1) だけを示す. $f(a) = \frac{2-\sin a}{2-\cos a}$ とおけば $f'(a) = \frac{1-2(\cos a + \sin a)}{(2-\cos a)^2} = \frac{1-2\sqrt{2}\sin(a+\frac{\pi}{4})}{(2-\cos a)^2}$. したがって $f'(a) = 0$ の解は $a_1 = \alpha - \frac{\pi}{4}$, $a_2 = -\alpha + \frac{3\pi}{4}$, ただし $\left(\alpha = \arcsin \frac{1}{2\sqrt{2}}\right)$. $\sin a_1 = \frac{1-\sqrt{7}}{4}$, $\cos a_1 = \frac{1+\sqrt{7}}{4}$, $\sin a_2 = \frac{1+\sqrt{7}}{4}$, $\cos a_2 = \frac{1-\sqrt{7}}{4}$, したがって, $f(a_1) = \frac{1}{3}(4+\sqrt{7})$, $f(a_2) = \frac{1}{3}(4-\sqrt{7})$. $f(a_1)$ が最大値, $f(a_2)$ が最小値. (A.1) が示された.

問 1.37 定理 1.36 の x を $\frac{1}{x}$ としてできる n 次方程式は, $a_n x^n + a_{n-1} x^{n-1} + \cdots + a_1 x + a_0 = 0$ で, この方程式の解は, $\frac{1}{\alpha_1}, \cdots, \frac{1}{\alpha_n}$. 解と係数の関係より, $\frac{1}{\alpha_1} + \cdots + \frac{1}{\alpha_n} = -\frac{a_{n-1}}{a_n}$. n 個の解はすべて負である. したがって, $\left|\frac{1}{\alpha_1}\right| + \cdots + \left|\frac{1}{\alpha_n}\right| = \left|\frac{1}{\alpha_1} + \cdots + \frac{1}{\alpha_n}\right| = \frac{a_{n-1}}{a_n}$, $\frac{1}{|\alpha_1|} <$

$\frac{a_{n-1}}{a_n}, \cdots, \frac{1}{|\alpha_n|} < \frac{a_{n-1}}{a_n}$. よって $|\alpha_1|, \cdots, |\alpha_n| > \frac{a_n}{a_{n-1}}$.

問 1.39 $z = \frac{-b \pm \sqrt{b^2-4ac}}{2a}$ より平方根を評価する. $|\sqrt{b^2-4ac}| = |b|\sqrt{1 - \frac{4ac}{b^2}} \leq |b|\sqrt{1 + \frac{4ac}{b^2}} \leq |b|(1 + |\frac{2ac}{b^2}|) = |b| + |\frac{2ac}{b}|$, よって, $|z| \leq |\frac{b}{2a}| + |\frac{b}{2a}| + |\frac{c}{b}| = |\frac{b}{a}| + |\frac{c}{b}|$.

問 1.41 $f(1) = 1 + a + b, f(2) = 4 + 2a + b, f(3) = 9 + 3a + b$ だから, $-\frac{3}{2} < a + b < -\frac{1}{2}$, $-\frac{9}{2} < 2a + b < -\frac{7}{2}$, $-\frac{19}{2} < 3a + b < -\frac{17}{2}$. これらの不等式を (a, b) 平面上に書くと共通な領域は存在しない (図 A-2). このグラフをみると $a = -4, b = \frac{7}{2}$ の一点で等号が成立する. すなわち $f(x) = x^2 - 4x + \frac{7}{2}$ となり, $|f(1)|, |f(2)|, |f(3)| = \frac{1}{2}$ となっている.

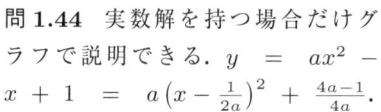

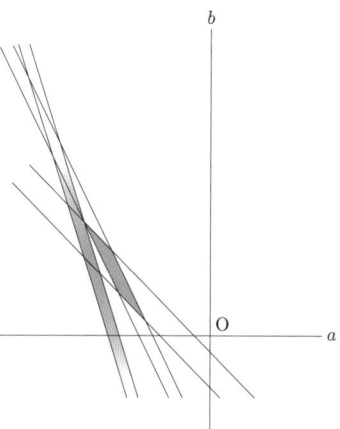

図 A-2

問 1.44 実数解を持つ場合だけグラフで説明できる. $y = ax^2 - x + 1 = a\left(x - \frac{1}{2a}\right)^2 + \frac{4a-1}{4a}$. 実数解を持つので $4a \leq 1$. $a > 0$ のとき, グラフより $0 < \alpha \leq 2$ (図 A-3). $x = 1$ を代入すると a になるので α の範囲は少し狭くなり $1 < \alpha \leq 2$ である. $a < 0$ のとき, グラフより $0 < \beta < 1$ (図 A-4).

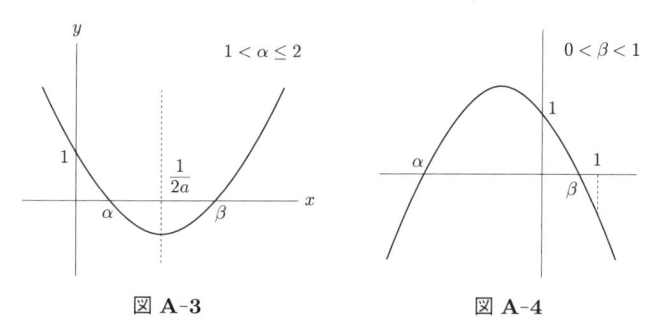

図 A-3   図 A-4

問 1.45 虚数解のときは判別式 $1 - 4a < 0$, α と β は共役だから $\beta = \overline{\alpha}$ とおくと, $|\alpha|^2 = \alpha\overline{\alpha} = \alpha\beta = \frac{1}{a} < 4$. よって $|\alpha| = |\overline{\alpha}| < 2$.

問 **1.54** $M = \frac{1}{2}$ の場合は，$|f(1)| = \frac{1}{2}, |f(0)| = \frac{1}{2}, |f(-1)| = \frac{1}{2}$．これを解くと $a = 0, b = -\frac{1}{2}$，したがって $f(x) = x^2 - \frac{1}{2}$．

問 **1.56** $\cos n\theta + \cos(n-2)\theta = 2\cos\theta\cos(n-1)\theta$ より明らか．

問 **1.57** チェビシェフの多項式の漸化式より，$T_{n+1}^2(x) - T_n(x)T_{n+2}(x) = T_n^2(x) - T_{n-1}(x)T_{n+1}(x) = \cdots = T_2^2(x) - T_1(x)T_3(x) = (2x^2-1)^2 - x(4x^3-3x) = 1 - x^2$．

問 **1.58** $T_n(x) = \cos n\theta$，ただし $x = \cos\theta$ より $\frac{d}{dx}T_n(x) = \left(\frac{d}{d\theta}\cos n\theta\right)\frac{d\theta}{dx}$
$= \frac{-n\sin n\theta}{-\sin\theta} = \frac{n\sin n\theta}{\sin\theta}$．よって $T_n''(x) = n\frac{d}{d\theta}\left(\frac{\sin n\theta}{\sin\theta}\right)\left(-\frac{1}{\sin\theta}\right)$．
これから y は $(1-x^2)y'' - xy' + n^2 y = 0$ を満たしている．

問 **1.59** $\frac{3x^3+5x^2+2x-2-x^4-2x^3+x+2}{x^4+2x^3-x-2} \geq 0$．よって分母，分子を因数分解する．$\frac{x(x+1)^2(x-3)}{(x^2+x+1)(x-1)(x+2)} \leq 0$．実数 x に対して $x^2+x+1 \neq 0$ より，分母，分子で零点になるのは $x = -1, -2, 0, 1, 3$ である．これから分母がゼロになる点を除いて，$-2 < x \leq 0, 1 < x \leq -3$．

問 **1.61** 根号の中は正だから，$f(x) \geq 0$．$g(x) \geq 0$ かつ $f(x) \leq g^2(x)$．

問 **1.62** 不等式の問題が成立する条件は $24 - x \geq 0$ と $x - 4 \geq 0$ だから，$4 \leq x \leq 24$．一方，問題の式を平方すれば，$24 - x \leq x^2 - 8x + 16$．これから $x \geq 8$ または $x \leq -1$ が得られる．合わせて $8 \leq x \leq 24$．

問 **1.64** 1次の不等式より $x > \frac{5}{2}$，2次の不等式から $-2 \leq x \leq 3$．これらの共通部分は，$\frac{5}{2} < x \leq 3$．

問 **1.67** $\frac{a^{n+1}-b^{n+1}}{a^n-b^n} = \frac{(a-b)(a^n+a^{n-1}b+\cdots+ab^{n-1}+b^n)}{(a-b)(a^{n-1}+a^{n-2}b+\cdots+ab^{n-2}+b^{n-1})} = \frac{a^n+a^{n-1}b+\cdots+ab^{n-1}+b^n}{a^{n-1}+a^{n-2}b+\cdots+ab^{n-2}+b^{n-1}}$．すなわち，$\frac{a^{n+1}-b^{n+1}}{a^n-b^n} = a + \frac{b^n}{a^{n-1}+a^{n-2}b+\cdots+ab^{n-2}+b^{n-1}} = b + \frac{a^n}{a^{n-1}+a^{n-2}b+\cdots+ab^{n-2}+b^{n-1}}$．よって $a > b$ ならば，$a(a^{n-1}+a^{n-2}b+\cdots+ab^{n-2}+b^{n-1}) > b^n+b^n+\cdots+b^n = nb^n$．したがって左辺の不等式が証明された．右辺も同様である．

問 **1.70** 複素数の絶対値の定義より，定理 1.69 は，
$\sqrt{(x_1+x_2)^2+(y_1+y_2)^2} \leq \sqrt{x_1^2+y_1^2} + \sqrt{x_2^2+y_2^2}$．両辺を平方すると，$(x_1+x_2)^2+(y_1+y_2)^2 \leq \left\{\sqrt{x_1^2+y_1^2} + \sqrt{x_2^2+y_2^2}\right\}^2$，すなわち，$x_1 x_2 + y_1 y_2 \leq \sqrt{x_1^2+y_1^2}\sqrt{x_2^2+y_2^2}$ を証明すればよい．

$x_1x_2 + y_1y_2 \leq 0$ のときは明らか. $x_1x_2 + y_1y_2 \geq 0$ の場合は,
$(x_1^2 + y_1^2)(x_2^2 + y_2^2) - (x_1x_2 + y_1y_2)^2 = (x_1y_2 - x_2y_1)^2 \geq 0$. 最後の不等式：$(x_1^2 + y_1^2)(x_2^2 + y_2^2) \geq (x_1x_2 + y_1y_2)^2$ はコーシーの不等式である. 定理 2.8 を参照. 定理 1.68 の左辺と同じように, $||z_1| - |z_2|| \leq |z_1 + z_2|$ も示せる.

問 1.71 $(|z_1| - |z_2|)^2 = |z_1 + z_2|^2 = |z_1|^2 + |z_2|^2 + 2\mathrm{Re}(z_1\overline{z_2})$, したがって, $\mathrm{Re}(z_1\overline{z_2}) = -|z_1||z_2| = -|z_1\overline{z_2}|$. これから, $\mathrm{Re}(z_1\overline{z_2}) \leq 0$. $(\mathrm{Re}(z_1\overline{z_2}))^2 = (Re(z_1\overline{z_2}))^2 + (\mathrm{Im}(z_1\overline{z_2}))^2$, よって $\mathrm{Im}(z_1\overline{z_2}))^2 = 0$. すなわち $z_1\overline{z_2} \leq 0$. 逆に $z_1\overline{z_2} \leq 0$ ならば, $|z_1 + z_2|^2 = |z_1|^2 + |z_2|^2 + 2\mathrm{Re}(z_1\overline{z_2}) = |z_1|^2 + |z_2|^2 + 2z_1\overline{z_2} = |z_1|^2 + |z_2|^2 - 2|z_1||z_2| = (|z_1| - |z_2|)^2$.

第 2 章

問 2.3 定理 2.2 で $\alpha = \frac{1}{p}$, $\beta = \frac{1}{q}$ とおく. $a^{\frac{1}{p}} b^{\frac{1}{q}} \leq \frac{a}{p} + \frac{b}{q}$. さらに $a = x^p$, $b = y^q$ とおけばよい.

問 2.6 3 個の算術・幾何平均の不等式を使うだけ. $\frac{a+b+c}{3} \times \frac{a^2+b^2+c^2}{3} \geq \sqrt[3]{abc} \sqrt[3]{a^2b^2c^2} = abc$.

問 2.9 $(x_1^2 + x_2^2 + x_3^2)(y_1^2 + y_2^2 + y_3^2) - (x_1y_1 + x_2y_2 + x_3y_3)^2 = (x_1y_2 - x_2y_1)^2 + (x_1y_3 - x_3y_1)^2 + (x_2y_3 - x_3y_2)^2 \geq 0$.

問 2.16 $f(x) = x^3 + 32 - 6x^2$ とおくと, $f'(x) = 3x^2 - 12x = 3x(x-4)$. $f(x)$ の増減表は次のようになるが, $x \geq 0$ の範囲では $f(x) \geq f(4) = 0$ となり $x^3 + 32 \geq 6x^2$ が成立する（図 A-5）.

x	0		4	
$f'(x)$	+	0	−	0	+
$f(x)$	↗		↘	極小	↗

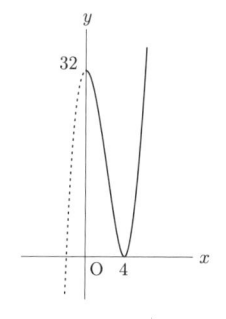

図 A-5

問 **2.18** $f'(x) = x(x+2)e^x$ だから $f'(x) = 0$ となる点は $x = 0, -2$, $f(x)$ の増減表をつくる（図 A-6）．次に凹凸を調べる．$f''(x) = (x^2 + 4x + 2)e^x$ だから $f''(x) = 0$ となる点は $x = -2 \pm \sqrt{2}$（図 A-7）．

x		-2		0	
y'	$+$	0	$-$	0	$+$
y	↗	極大	↘	極小	↗

$f(0) = 0, f(-2) = 4e^{-2}$

図 **A-6**

x		$-2-\sqrt{2}$		$-2+\sqrt{2}$	
y''	$+$	0	$-$	0	$+$
y	∪		∩		∪

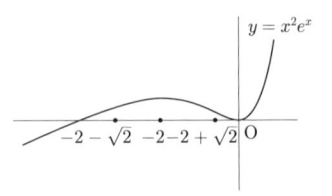

図 **A-7**

問 **2.20** 図 A-8 より，$\frac{1}{k+1} < \int_k^{k+1} \frac{1}{x} dx < \frac{1}{k}$, だから $k = 1, \cdots, n-1$ まで和をとる．$\sum_{k=1}^{n-1} \frac{1}{k+1} < \sum_{k=1}^{n-1} \int_k^{k+1} \frac{1}{x} dx < \sum_{k=1}^{n-1} \frac{1}{k}$. これより $\frac{1}{2} + \cdots + \frac{1}{n} < \log n < 1 + \frac{1}{2} + \cdots + \frac{1}{n-1}$.

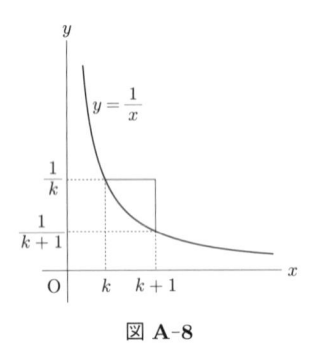

図 **A-8**

問 **2.22** $a^{r+s} + b^{r+s} - a^r b^s - a^s b^r = (a^r - b^r)(a^s - b^s) > 0$

第 3 章

問 **3.4** $\int_a^b (ux^{\frac{k-1}{2}} + vx^{\frac{k+1}{2}})^2 f(x) dx = u^2 \int_a^b x^{k-1} f(x) dx + 2uv \int_a^b x^k f(x) dx + v^2 \int_a^b x^{k+1} f(x) dx = u^2 \beta_{k-1} + 2uv \beta_k + v^2 \beta_{k+1} \geq 0$. 2 次関数が常に正になるためには判別式が負である．したがって，$\beta_{k-1} \beta_{k+1} \geq \beta_k^2$.

問 3.12 $f(x) = -\log x$ とおくと $f''(x) = \frac{1}{x^2} > 0$ で凸関数．したがって，$\frac{-(\log x_1 + \cdots + \log x_n)}{n} \geq -\log \frac{x_1 + \cdots + x_n}{n}$．よって，$(x_1 \cdots x_n)^{\frac{1}{n}} \leq \frac{x_1 + \cdots + x_n}{n}$．

問 3.14 問 3.12 より，$\prod_{k=1}^{n}(1 + a_k) \leq \left(\sum_{k=1}^{n} \frac{1+a_k}{n}\right)^n = \left(1 + \frac{s}{n}\right)^n = 1 + \sum_{k=1}^{n} 1 \cdot \left(1 - \frac{1}{n}\right) \cdots \left(1 - \frac{k-1}{n}\right) \frac{s^k}{k!} \leq \sum_{k=0}^{n} \frac{s^k}{k!}$．

問 3.15 $n = 1$ のときは等式になっている．$n = k \geq 1$ に対して成り立つと仮定する．$(1+x)^k \geq 1 + kx$，両辺に $1 + x (> 0)$ をかける．$(1+x)^{k+1} \geq (1+x)(1+kx) = 1 + (k+1)x + kx^2$．したがって，$(1+x)^{k+1} \geq 1 + (k+1)x$．

問 3.17 すでに定理 2.2 で示している．ここでは β を消去して，$\left(\frac{a}{b}\right)^\alpha \leq 1 + \alpha\left(\frac{a}{b} - 1\right)$．

問 3.18 帰納法による．$n = 1$ は明らか，$n < k$ まで成り立つと仮定する．$\prod_{i=1}^{k}(1+x_i) = \prod_{i=1}^{k-1}(1+x_i)(1+x_k) \geq \left(1 + \sum_{i=1}^{k-1} x_i\right)(1+x_k) = 1 + \sum_{i=1}^{k} x_i + (x_1 x_k + x_2 x_k + \cdots + x_{k-1} x_k)$．条件より不等式は証明された．なお $x_1 = x_2 = \cdots = x_n$ ならばベルヌーイの不等式である．

問 3.19 (1) 問 3.15 で $x = \frac{1}{k}, n = k$ とおけばよい．
(2) $\frac{c(k+1)}{c(k)} = \left(1 - \frac{1}{(k+1)^2}\right)^k \cdot \frac{k+2}{k+1}$．したがって左辺は，$\left(1 - \frac{1}{(k+1)^2}\right)^k \cdot \frac{k+2}{k+1} > 1$ が示せればよい．問 3.15 で $x = -\frac{1}{(k+1)^2}, n = k$ とおくと，$\left(1 - \frac{1}{(k+1)^2}\right)^k \cdot \frac{k+2}{k+1} \geq 1 - \frac{k}{(k+1)^2} > 1 - \frac{1}{k+2}, \left(1 - \frac{1}{(k+1)^2}\right)^k > \frac{k+1}{k+2} = 1 - \frac{1}{k+2}$．右辺も同様に，$\frac{c(k)}{c(k+1)} = \left(\frac{(k+1)^2}{k(k+2)}\right)^k \cdot \frac{k+1}{k+2}$．証明すべき不等式は，$\left(\frac{(k+1)^2}{k(k+2)}\right)^{k+2} > 1 + \frac{1}{k}$．すなわち問 3.15 で $x = \frac{1}{k^2 + 2k}, n = k+2$ とおけばよい．

問 3.21 $f(x) = x^\alpha - kx$ を微分して増減表を作る（図 A-8）．$f'(x) = \alpha x^{\alpha-1} - k$．$x = \left(\frac{k}{\alpha}\right)^{\frac{1}{\alpha-1}}$ のときに極小値 $(1-\alpha)\left(\frac{k}{\alpha}\right)^{\frac{\alpha}{\alpha-1}}$ をとり零点以前では単調減少，以後では単調増加なので最小値である．

x		$\left(\frac{k}{\alpha}\right)^{\frac{1}{\alpha-1}}$	
$f'(x)$	$-$	0	$+$
$f(x)$	↘	極小	↗

図 A-9

第 4 章

問 4.3 算術・調和平均の不等式より，$\frac{1}{b+c} + \frac{1}{c+a} + \frac{1}{a+b} \geq \frac{9}{2(a+b+c)} \cdots$

(A.4). したがって, $\frac{a}{b+c}+\frac{b}{c+a}+\frac{c}{a+b} = (a+b+c)\left(\frac{1}{b+c}+\frac{1}{c+a}+\frac{1}{a+b}\right)-3\cdots$(A.5). (A.4) と (A.5) より (4.2) の左辺が得られた. (4.2) の右辺の証明：ここで初めて a,b,c が三角形の辺であることを使う. $b+c > \frac{1}{2}(a+b+c)$, $c+a > \frac{1}{2}(a+b+c)$, $a+b > \frac{1}{2}(a+b+c)$. これより, $\frac{a}{b+c}+\frac{b}{c+a}+\frac{c}{a+b} < \frac{2(a+b+c)}{a+b+c} = 2$.

問 4.8 不等式を変形する. 左辺から右辺を引くと, $a^4+b^4+c^4+2(a^2b^2+b^2c^2+c^2a^2)-2a^4-2b^4-2c^4 = -a^4-b^4-c^4+2(b^2+c^2)a^2+2b^2c^2$. よって, $a^4-2(b^2+c^2)a^2+(b^2-c^2)^2 < 0$. これは $(b-c)^2 < a^2 < (b+c)^2$. したがって a,b,c が三角形の辺になる条件：$|b-c| < a < b+c$ が得られた.

問 4.15 $f(x) = \log(\sin\frac{x}{2})$ とおく. $f'(x) = \frac{\cos\frac{x}{2}}{2\sin\frac{x}{2}}$, $f''(x) = -\frac{1}{4\sin^2\frac{x}{2}} < 0$. したがって定理 3.11 より $\frac{f(\alpha)+f(\beta)+f(\gamma)}{3} \leq f\left(\frac{\alpha+\beta+\gamma}{3}\right)$. これから, $\frac{\log(\sin\frac{\alpha}{2}\sin\frac{\beta}{2}\sin\frac{\gamma}{2})}{3} \leq \log\sin\frac{\pi}{6}$. $\sin\frac{\alpha}{2}\cdot\sin\frac{\beta}{2}\cdot\sin\frac{\gamma}{2} \leq \frac{1}{8}$.

問 4.16 $f(x) = \sin\frac{x}{2}$ とおく. $f'(x) = \frac{1}{2}\cos\frac{x}{2}$, $f''(x) = -\frac{1}{4}\cos\frac{x}{2} < 0$. これから $\frac{\sin\frac{\alpha}{2}+\sin\frac{\beta}{2}+\sin\frac{\gamma}{2}}{3} \leq \sin\frac{\alpha+\beta+\gamma}{3} = \sin\frac{\pi}{6} = \frac{1}{2}$.

問 4.17 $y = \cos x$ とおけば $y'' = -\cos x < 0$ だから定理 3.11 より, $\frac{\cos\frac{\alpha}{2}+\cos\frac{\beta}{2}+\cos\frac{\gamma}{2}}{3} \leq \cos\frac{\alpha+\beta+\gamma}{3} = \cos\frac{\pi}{6} = \frac{\sqrt{3}}{2}$. もう 1 つは $y = \log\cos x$ とおけば $y'' = -\frac{1}{\cos^2 x} < 0$ だから, 定理 3.11 より, $\frac{\log(\cos\frac{\alpha}{2}\cos\frac{\beta}{2}\cos\frac{\gamma}{2})}{3} \leq \log\cos\left(\frac{\frac{\alpha}{2}+\frac{\beta}{2}+\frac{\gamma}{2}}{3}\right) = \log\frac{\sqrt{3}}{2}$. よって, $\cos\frac{\alpha}{2}\cdot\cos\frac{\beta}{2}\cdot\cos\frac{\gamma}{2} \leq \left(\frac{\sqrt{3}}{2}\right)^3$.

問 4.18 $\tan\frac{\alpha+\beta}{2} = \cot\frac{\gamma}{2}$ であるから, $\frac{\tan\frac{\alpha}{2}+\tan\frac{\beta}{2}}{1-\tan\frac{\alpha}{2}\cdot\tan\frac{\beta}{2}} = \frac{1}{\tan\frac{\gamma}{2}}\cdots$(A.6). $\tan\frac{\alpha}{2} = a$, $\tan\frac{\beta}{2} = b$, $\tan\frac{\gamma}{2} = c$ と置けば (A.6) は $\frac{a+b}{1-ab} = \frac{1}{c}$ と表せる. すなわち $ac+bc+ab = 1$. これより, $(a+b+c)^2 = a^2+b^2+c^2+2(ab+bc+ca) = a^2+b^2+c^2+2 = \frac{1}{2}\{(a-b)^2+(b-c)^2+(c-a)^2\}+(ab+bc+ca)+2 = \frac{1}{2}\{(a-b)^2+(b-c)^2+(c-a)^2\}+3 \geq 3$. よって, $\tan\frac{\alpha}{2}+\tan\frac{\beta}{2}+\tan\frac{\gamma}{2} \geq \sqrt{3}$. 積は算術・幾何平均の不等式を使う. $1 = ab+bc+ca \geq 3\sqrt[3]{a^2b^2c^2}$. よって, $\tan\frac{\alpha}{2}\cdot\tan\frac{\beta}{2}\cdot\tan\frac{\gamma}{2} \leq \frac{\sqrt{3}}{9}$.

第 5 章

問 5.1 原点での $y = \sin\theta$ の接線を考える. $y' = \cos\theta$ だから, 傾き

は 1 で方程式は $y = \theta$. また原点と点 $\left(\frac{\pi}{2}, 1\right)$ を結ぶ直線は $y = \frac{2}{\pi}\theta$ (図 A-10). この図より $\frac{2}{\pi}\theta < \sin\theta < \theta$. 各辺を θ で割れば不等式が得られる.

問 5.4 左辺は展開そのもの,右辺は $\cos\theta = 1 - 2\sin^2\frac{\theta}{2}, \sin^2\left(\frac{\theta}{2}\right) \geq \left(\frac{\theta}{\pi}\right)^2$ を使って,$\frac{\sin\theta}{\theta} \leq \frac{2+\cos\theta}{3} \leq 1 - \frac{2\sin^2\left(\frac{\theta}{2}\right)}{3} \leq 1 - \frac{2\theta^2}{3\pi^2}$.

問 5.7 $\frac{\theta_1^2}{\theta_2^2} > \frac{\theta_1 - \sin\theta_1 \cdot \cos\theta_1}{\theta_2 - \sin\theta_2 \cdot \cos\theta_2}$,または,$\frac{\theta_1^2}{\theta_1 - \sin\theta_1 \cdot \cos\theta_1} > \frac{\theta_2^2}{\theta_2 - \sin\theta_2 \cdot \cos\theta_2}$ を示す.ここで,$y = \frac{x^2}{x - \sin x \cdot \cos x}$ が区間 $0 < x \leq \frac{\pi}{2}$ で減少関数であることを示せばよい.$y' = \frac{2x\cos x(x\cos x - \sin x)}{(x - \sin x \cdot \cos x)^2} < 0$.

問 5.16 $y_1 = \log x$ と $y_2 = \frac{x}{e}$ のグラフを描く (図 A-11).y_1 上の点 $(e, 1)$ での接線の傾きは $\frac{1}{e}$ だから $y = \frac{1}{e}x$. したがって $y_2 > y_1$ である.この不等式を変形すると $e^x > x^e$ が得られる.

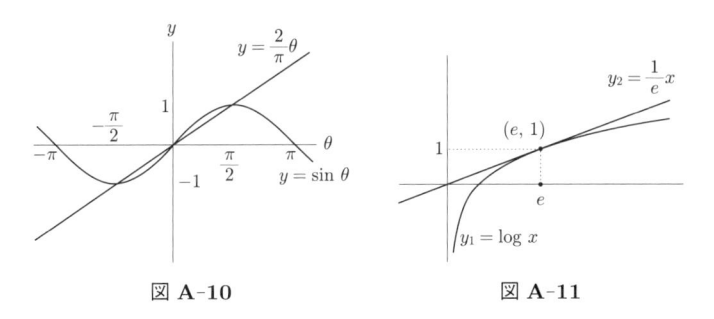

図 A-10

図 A-11

第 6 章

問 6.8 ちょっとした変形をする.まず左辺を L と置き,$L + n$ を作る.$L + n = L + 1 + \cdots + 1 = \frac{a_1 - a_3 + a_2 + a_3}{a_2 + a_3} + \cdots + \frac{a_n - a_2 + a_1 + a_2}{a_1 + a_2} = \frac{a_1 + a_2}{a_2 + a_3} + \cdots + \frac{a_n + a_1}{a_1 + a_2}$. 最後の式に n 個の算術・幾何平均の不等式を用いる. $\frac{\frac{a_1+a_2}{a_2+a_3} + \cdots + \frac{a_n+a_1}{a_1+a_2}}{n} \geq \sqrt[n]{\frac{a_1+a_2}{a_2+a_3} \cdot \cdots \cdot \frac{a_n+a_1}{a_1+a_2}} = 1$,すなわち,$L + n \geq n$. したがって $L \geq 0$.

問 6.10 まず問題の不等式を少し変形する.$n + 1 - \left(1 + \frac{1}{2} + \cdots + \frac{1}{n}\right) = 1 + (1-1) + \left(1 - \frac{1}{2}\right) + \left(1 - \frac{1}{3}\right) + \cdots + \left(1 - \frac{1}{n}\right) = 1 + \frac{1}{2} + \frac{2}{3} + \cdots + \frac{n-1}{n}$. ここで最後の式に n 個の算術・幾何平均の不等式を適用すれば,$\geq n\sqrt[n]{1 \times \frac{1}{2} \times \frac{2}{3} \times \cdots \times \frac{n-1}{n}} = n\sqrt[n]{\frac{1}{n}}$.

問 **6.11** (6.1) より, $a_k = \frac{A - A_k}{n-1} = \frac{A_1 + \cdots + A_{k-1} + A_{k+1} + \cdots + A_n}{n-1} \geq \sqrt[n-1]{A_1 \times \cdots A_{k-1} \times A_{k+1} \cdots A_n}$. ここで $k = 1, \cdots, n$ に対してすべてをかける. $a_1 \times \cdots \times a_n \geq A_1 \times \cdots \times A_n$.

問 **6.12** 算術・幾何平均の不等式より, $\prod_{k=1}^{n}(1 + a_k) \leq \left(\sum_{k=1}^{n} \frac{1+a_k}{n}\right)^n$
$= \left(1 + \frac{s}{n}\right)^n = 1 + \sum_{k=1}^{n} 1 \cdot \left(1 - \frac{1}{n}\right) \cdots \left(1 - \frac{k-1}{n}\right) \frac{s^k}{k!} \leq \sum_{k=0}^{n} \frac{s^k}{k!}$.

問 **6.13** $a_0 x^n + a_1 x^{n-1} + \cdots + a_{n-1} x + a_n = a_0(x - x_1)(x - x_2) \cdots (x - x_n)$. 解と係数の関係より, $\frac{a_1}{a_0} = -\sum x_i$. また, 与えられた方程式を x^n でくくれば, $a_0 x^n + a_1 x^{n-1} + \cdots + a_{n-1} x + a_n = x^n (a_0 + \frac{a_1}{x} + \frac{a_2}{x^2} + \cdots + \frac{a_{n-1}}{x^{n-1}} + \frac{a_n}{x^n})$. 解と係数の関係より, $\sum \frac{1}{x_i} = -\frac{a_{n-1}}{a_n}$. よって算術・調和平均の不等式より, $\frac{a_1 a_{n-1}}{a_0 a_n} = \sum x_i \sum \frac{1}{x_i} \geq n^2$.

問 **6.16** λ を複素数とする. $\overline{\lambda}$ は複素共役を表す. $\sum_{k=1}^{n} |a_k - \lambda \overline{b_k}|^2 = \sum_{k=1}^{n}(a_k - \lambda \overline{b_k})(\overline{a_k} - \overline{\lambda} b_k) = \sum_{k=1}^{n} |a_k|^2 + |\lambda|^2 \sum_{k=1}^{n} |b_k|^2 - 2\mathrm{Re}\left(\overline{\lambda} \sum_{k=1}^{n} a_k b_k\right)$. ここで, $\lambda = \left(\sum_{k=1}^{n} a_k b_k\right)\left(\sum_{k=1}^{n} |b_k|^2\right)^{-1}$, $b_1, \cdots, b_n \neq 0$ とおけば, $\sum_{k=1}^{n} |a_k - \lambda \overline{b_k}|^2 = \sum_{k=1}^{n} |a_k|^2 - \frac{\left|\sum_{k=1}^{n} a_k b_k\right|^2}{\sum_{k=1}^{n} |b_k|^2} \geq 0$. 等号は $a_k - \lambda \overline{b_k} = 0 (k = 1, \cdots, n)$ のときにのみ成り立つ.

問 **6.17** 3つの変数 a_k, b_k, c_k に対して同次性だから $\sum a_k^3 = \sum b_k^3 = \sum c_k^3 = 1$ としても一般性を失わない. 3個の数に対する算術・幾何平均の不等式より, $a_k b_k c_k \leq \frac{a_k^3 + b_k^3 + c_k^3}{3}$. ここで $k = 1, \cdots, n$ に対して和をとると, $\sum a_k b_k c_k \leq \sum \frac{a_k^3 + b_k^3 + c_k^3}{3} = 1$.

問 **6.18** 不等式 (6.3) で $x_k = a_k b_k, y_k = c_k d_k$ とおく. すると, $\left(\sum_{k=1}^{n} a_k b_k c_k d_k\right)^2 \leq \left(\sum_{k=1}^{n} a_k^2 b_k^2\right)\left(\sum_{k=1}^{n} c_k^2 d_k^2\right)$. 次に $x_k = a_k^2, y_k = b_k^2$ とおき, 同様に $x_k = c_k^2, y_k = d_k^2$ とおき, それぞれコーシーの不等式を使う. $\left(\sum_{k=1}^{n} a_k^2 b_k^2\right)^2 \leq \left(\sum_{k=1}^{n} a_k^4\right)\left(\sum_{k=1}^{n} b_k^4\right)$, $\left(\sum_{k=1}^{n} c_k^2 d_k^2\right)^2 \leq \left(\sum_{k=1}^{n} c_k^4\right)\left(\sum_{k=1}^{n} d_k^4\right)$. これらを合わせると求める不等式が得られる. 注:問 6.18 で $c_k = d_k = 1$ とおくと, $\left(\sum_{k=1}^{n} a_k b_k\right)^4 \leq n^2 \left(\sum_{k=1}^{n} a_k^4\right)\left(\sum_{k=1}^{n} b_k^4\right)$ が得られる.

問 **6.19** 不等式 (6.3) を 2 回使う. $\left(\sum_{k=1}^{n} (a_k b_k) c_k\right)^2 \leq \left(\sum_{k=1}^{n} (a_k b_k)^2\right)\left(\sum_{k=1}^{n} c_k^2\right), \left(\sum_{k=1}^{n} a_k^2 b_k^2\right)^2 \leq \left(\sum_{k=1}^{n} a_k^4\right)\left(\sum_{k=1}^{n} b_k^4\right)$. よって, $\left(\sum_{k=1}^{n} a_k b_k c_k\right)^2 \leq \left(\sum_{k=1}^{n} a_k^4\right)^{\frac{1}{2}}\left(\sum_{k=1}^{n} b_k^4\right)^{\frac{1}{2}}\left(\sum_{k=1}^{n} c_k^2\right)$. したがって, $\left(\sum_{k=1}^{n} a_k b_k c_k\right)^4 \leq \left(\sum_{k=1}^{n} a_k^4\right)\left(\sum_{k=1}^{n} b_k^4\right)\left(\sum_{k=1}^{n} c_k^2\right)^2$ が証明さ

れた.

問 6.20 不等式 (6.3) で, $x_k = \sqrt{a_k}, y_k = \frac{1}{\sqrt{a_k}}$ とおく.
$\left(\sum_{k=1}^{n} a_k\right)\left(\sum_{k=1}^{n} \frac{1}{a_k}\right) \geq \left(\sum_{k=1}^{n} \sqrt{a_k} \cdot \frac{1}{\sqrt{a_k}}\right)^2 = n^2.$

問 6.22 不等式 (6.3) で, $x_k = \sqrt{\frac{a_k}{a_{k+1}+a_{k+2}}}, y_k = \sqrt{a_k(a_{k+1}+a_{k+2})}$ とおく. ただし, $a_{n+1} = a_1, a_{n+2} = a_2$. $(a_1 + \cdots + a_n)^2 \leq \left(\frac{a_1}{a_2+a_3} + \frac{a_2}{a_3+a_4} + \cdots + \frac{a_n}{a_1+a_2}\right) \times (a_1 a_2 + a_1 a_3 + a_2 a_3 + a_2 a_4 + \cdots + a_n a_1 + a_n a_2) \leq \left(\frac{a_1}{a_2+a_3} + \frac{a_2}{a_3+a_4} + \cdots + \frac{a_n}{a_1+a_2}\right) \times \left(\frac{a_1^2+a_2^2}{2} + \frac{a_1^2+a_3^2}{2} + \cdots + \frac{a_n^2+a_1^2}{2} + \frac{a_n^2+a_2^2}{2}\right) = 2(a_1^2 + \cdots + a_n^2)\left(\frac{a_1}{a_2+a_3} + \cdots + \frac{a_n}{a_1+a_2}\right)$. よって両辺を $2(a_1^2 + \cdots + a_n^2)$ で割ると不等式が得られる.

第 7 章

問 7.3 $n = 2$ の場合：$25\left(x_1^2 + x_2^2 - \frac{6}{5}x_1 x_2\right) = (5x_1 - 3x_2)^2 + 16x_2^2 \geq 0$. $n = 3$ の場合：$25\left(x_1^2 + x_2^2 + x_3^2 - \frac{6}{5}(x_1 x_2 + x_2 x_3)\right) = (5x_1 - 3x_2)^2 + 7x_2^2 + (-3x_2 + 5x_3)^2 \geq 0$. $n = 4$ の場合：$25\left(x_1^2 + x_2^2 + x_3^2 + x_4^2 - \frac{6}{5}(x_1 x_2 + x_2 x_3 + x_3 x_4)\right) = (5x_1 - 3x_2)^2 + x_2^2 + 15(x_2 - x_3)^2 + x_3^2 + (3x_3 - 5x_4)^2 \geq 0$. $n \geq 5$ のときは不等式が成立しない例を作る. $x_1^2 + x_2^2 + x_3^2 + x_4^2 + x_5^2 + \cdots + x_n^2 - \frac{6}{5}(x_1 x_2 \cdots + x_{n-1} x_n) \geq 0$. $x_1 = 9, x_2 = 15, x_3 = 16, x_4 = 15, x_5 = 9, x_i = 0, (i \geq 6)$ と置くと反例になっている.

問 7.6 左辺から右辺を引くと, $(n-1)\left\{x_1^2 + \cdots x_n^2 + 2(x_1 x_2 + \cdots + x_2 x_3 + \cdots + x_{n-1} x_n)\right\} - 2n(x_1 x_2 + \cdots + x_1 x_n + x_2 x_3 + \cdots + x_2 x_n + \cdots + x_{n-1} x_n) = (x_1 - x_2)^2 + \cdots + (x_1 - x_n)^2 + \cdots + (x_{n-1} - x_n)^2 \geq 0$.

問 7.8 $(x_1 + x_2 + x_3)^2 = \left(\sqrt{\frac{x_1}{px_2+qx_3}}\sqrt{x_1(px_2+qx_3)} + \sqrt{\frac{x_2}{px_3+qx_1}}\sqrt{x_2(px_3+qx_1)} + \sqrt{\frac{x_3}{px_1+qx_2}}\sqrt{x_3(px_1+qx_2)}\right)^2 \leq P(3,p,q)(p+q)(x_1 x_2 + x_2 x_3 + x_3 x_1)$. したがって, $P(3,p,q) \geq \frac{(x_1+x_2+x_3)^2}{(p+q)(x_1 x_2 + x_2 x_3 + x_3 x_1)} \geq \frac{3}{p+q}$.

問 7.10 p,q の状況による. もし $p = q$ すなわち $p = \frac{1}{2}$ ならば 2 次形式は $f(x_1, x_2, x_3, x_4)$ は $t_1 = x_1 - x_3 = 0$ と $t_2 = x_2 - x_4 = 0$ で 0 となる. この場合は $P(4,p,q) = 4$. 次に $p > \frac{1}{2}$ ならば次の式が成り立つとき

に $f(x_1, x_2, x_3, x_4)$ はゼロとなる。$t_1 = x_1 + (1-2p)x_2 + (1-4q)x_3 + (1-2p)x_4 = 0$, $t_2 = x_2 + \frac{1-2p}{p}x_3 - \frac{q}{p}x_4 = 0$, $t_3 = x_3 - x_4 = 0$. この場合は $x_1 = x_2 = x_3 = x_4$ のときに $P(4, p, q) = 4$.

問 7.11 $\frac{a}{pb+qa} + \frac{b}{pa+qb} + \frac{a}{pb+qa} + \frac{a}{pa+qb} = 2\left(\frac{a}{pb+qa} + \frac{b}{pa+qb}\right) < 4$ を示せばよい。$p + q = 1$ を使って展開すると, $p(2q-1)(a^2+b^2) + 2(p^2+q^2-q)ab = p(1-2p)(a-b)^2 > 0$.

🌿第 8 章

問 8.9 x の場合を分けて絶対値を外す。$x > 0$ だとすると, $0 \leq x - x\frac{(1+x)^n - 1}{(1+x)^n + 1} = \frac{2x}{(1+x)^n + 1}$. したがって $x < \frac{1}{\sqrt{n}}$ ならば最後の式は $< \frac{\frac{2}{\sqrt{n}}}{1} = \frac{2}{\sqrt{n}}$, また $x \geq \frac{1}{\sqrt{n}}$ ならば最後の式は $< \frac{2x}{2+nx} < \frac{2x}{nx} = \frac{2}{n} \leq \frac{2}{\sqrt{n}}$. $x = 0$ の場合は明らかである。最後に $x < 0$ の場合, $0 \leq -x - x\frac{(1+x)^n - 1}{(1+x)^n + 1} < \frac{2}{\sqrt{n}}$. ここで $1 + x = \frac{1}{1+y}$ とおく。すると $y > 0$ になり, 式を変形すると, $-x - x\frac{(1+x)^n - 1}{(1+x)^n + 1} = \frac{y}{1+y} + \frac{y}{1+y} \cdot \frac{1-(1+y)^n}{1+(1+y)^n} = \frac{1}{1+y}\left\{y - y\frac{(1+y)^n - 1}{(1+y)^n + 1}\right\}$. $x > 0$ の場合に示したように括弧の中は $< \frac{2}{\sqrt{n}}$ だから, $\frac{1}{1+y}\frac{2}{\sqrt{n}} < \frac{2}{\sqrt{n}}$. よって, 証明された。

問 8.14 $\frac{(f(x)-m)(f(x)-M)}{f(x)} \leq 0$. したがって a から b まで積分して, $\int_a^b f(x)dx + mM\int_a^b \frac{1}{f(x)}dx \leq (b-a)(m+M)$. $mM\int_a^b \frac{1}{f(x)}dx = U$ とおき, 算術・幾何平均の不等式を用いて, $U\int_a^b f(x)dx \leq ((b-a)(m+M) - U)U \leq \frac{(b-a)^2(m+M)^2}{4}$. よって, $\int_a^b f(x)dx \int_a^b \frac{1}{f(x)}dx \leq \frac{(m+M)^2}{4mM}(b-a)^2$.

問 8.15 $K = \int_a^b f(x)dx$, $L = \int_a^b g(x)dx$ とおく。問 2.3 より, $\left\{\frac{f(x)}{K}\right\}^{\frac{1}{p}} \left\{\frac{g(x)}{L}\right\}^{\frac{1}{q}} \leq \frac{1}{p}\frac{f(x)}{K} + \frac{1}{q}\frac{g(x)}{L}$. この不等式の両辺を a から b まで積分する。$\frac{1}{K^{\frac{1}{p}}L^{\frac{1}{q}}}\int_a^b (f(x))^{\frac{1}{p}}(g(x))^{\frac{1}{q}}dx \leq \frac{1}{pK}\int_a^b f(x)dx + \frac{1}{qL}\int_a^b g(x)dx = \frac{1}{p} + \frac{1}{q} = 1$. したがって, $\int_a^b (f(x))^{\frac{1}{p}}(g(x))^{\frac{1}{q}}dx \leq K^{\frac{1}{p}}L^{\frac{1}{q}}$. ここで $f(x)$ の代わりに $(f(x))^p$ とおき $g(x)$ の代わりに $(g(x))^q$ とすればよい。

問 8.17 $(f(x) - f(y))(g(x) - g(y)) \geq 0$ から出発する。
$\int_a^b \int_a^b (f(x) - f(y))(g(x) - g(y))dxdy = 2[\int_a^b dx \int_a^b f(x)g(x)dx - \int_a^b f(x)dx \int_a^b g(x)dx] = 2[(b-a)\int_a^b f(x)g(x)dx - \int_a^b f(x)dx \int_a^b g(x)dx] \geq 0$. 両辺を $(b-a)^2$ で割る。$\left(\frac{1}{b-a}\int_a^b f(x)dx\right)\left(\frac{1}{b-a}\int_a^b g(x)dx\right) \leq \frac{1}{b-a}\int_a^b f(x)g(x)dx$.

問 **8.18** 数列の場合と同じように, $(f(x) + g(x))^p = f(x)(f(x) + g(x))^{p-1} + g(x)(f(x) + g(x))^{p-1}$. だから問 8.15 を使って, $\int_a^b (f(x) + g(x))^p dx = \int_a^b f(x)(f(x) + g(x))^{p-1} dx + \int_a^b (g(x)f(x) + g(x))^{p-1} dx \leq (\int_a^b f(x)^p dx)^{\frac{1}{p}} (\int_a^b (f(x) + g(x))^{(p-1)q} dx)^{\frac{1}{q}} + (\int_a^b g(x)^p dx)^{\frac{1}{p}} (\int_a^b (f(x) + g(x))^{(p-1)q} dx)^{\frac{1}{q}} = (\int_a^b f(x)^p dx)^{\frac{1}{p}} (\int_a^b (f(x) + g(x))^p dx)^{\frac{1}{q}} + (\int_a^b g(x)^p dx)^{\frac{1}{p}} (\int_a^b (f(x) + g(x))^p dx)^{\frac{1}{q}}$. 両辺を $\int_a^b (f(x) + g(x))^p dx)^{\frac{1}{q}}$ で割って求める不等式が得られる.

索　引

■ あ
1 次関数　13
イェンゼンの不等式　67
内田康晴　119
エルデスの不等式　85
オッペンハイム・デイビス　12

■ か
掛谷の定理　20
カザリノフ　93
「幾何学原論」　74
幾何平均（相乗平均）　42
グハ　117
減少関数　51
コーシーの不等式　49
コーシー・シュワルツの不等式
　　124
コーシーの関数方程式　159
コーバー　121

■ さ
三角不等式　38
3 次方程式の判別式　84
算術平均（相加平均）　42
算術平均と幾何平均の不等式
　　114
シャピロの不等式　138

シューアの不等式　10
ジョルダンの不等式　99
絶対値　14
増加関数　51

■ た
対数凸数列　61
高橋進一　22
Takahasi. Tatsuo　148
チェビシェフの定理　33
チェビシェフの多項式　33
チェビシェフの不等式　130
調和平均　114
ディクソン　28
テイラー展開　101
凸関数　54
凸数列　60
トロエシ　140

■ な
2 次関数　15
ニューマン　117

■ は
ハイアー　160
パップスの定理　87
一松　信　87

複素数　38
古田の不等式　167
ペアノ　78
平均値の定理　52
ベルク　149
ヘルダーの不等式　130
ベルヌーイの不等式　69
ベルンシュタイン整式　155
ボーアの不等式　40

■ま
マシューの不等式　148
マルコフの不等式　31

ミンコフスキーの不等式　132

■や
ヤングの不等式　147

■ら
ラグランジェの補間公式　24
ランダウ　26
レムスの不等式　78

■わ
ワイヤストラスの定理　155

memo

memo

memo

memo

〈著者紹介〉

大関　清太（おおぜき　きよた）

略　歴
1947 年　東京都生まれ
1977 年　Waterloo 大学大学院数学専攻博士課程修了，Ph.D.
　　　　 宇都宮大学大学院工学研究科教授などを経て，
現　在　宇都宮大学名誉教授

数学のかんどころ 9	著　者　大関　清太 © 2012
不等式	発行者　南條光章
(*Inequalities*)	発行所　共立出版株式会社
2012 年 3 月 30 日　初版 1 刷発行	東京都文京区小日向 4-6-19
2024 年 4 月 30 日　初版 3 刷発行	電話　03-3947-2511（代表）
	郵便番号　112-0006
	振替口座　00110-2-57035
	URL www.kyoritsu-pub.co.jp
	印　刷　大日本法令印刷
	製　本　協栄製本
検印廃止	NSPA 一般社団法人 自然科学書協会 会員
NDC 413.51	
ISBN 978-4-320-01989-8	Printed in Japan

JCOPY ＜出版者著作権管理機構委託出版物＞

本書の無断複製は著作権法上での例外を除き禁じられています．複製される場合は，そのつど事前に，出版者著作権管理機構（TEL：03-5244-5088，FAX：03-5244-5089，e-mail：info@jcopy.or.jp）の許諾を得てください．

数学のかんどころ

編集委員会：飯高 茂・中村 滋・岡部恒治・桑田孝泰

① 内積・外積・空間図形を通して **ベクトルを深く理解しよう**
　飯高 茂著・・・・・・・・・・120頁・定価1,650円
② 理系のための行列・行列式 めざせ！理論と計算の完全マスター
　福間慶明著・・・・・・・・・・208頁・定価1,870円
③ 知っておきたい幾何の定理
　前原 濶・桑田孝泰著・・・176頁・定価1,650円
④ 大学数学の基礎
　酒井文雄著・・・・・・・・・・148頁・定価1,650円
⑤ あみだくじの数学
　小林雅人著・・・・・・・・・・136頁・定価1,650円
⑥ ピタゴラスの三角形とその数理
　細矢治夫著・・・・・・・・・・198頁・定価1,870円
⑦ 円錐曲線 歴史とその数理
　中村 滋著・・・・・・・・・・158頁・定価1,650円
⑧ ひまわりの螺旋
　来嶋大二著・・・・・・・・・・154頁・定価1,650円
⑨ 不等式
　大関清太著・・・・・・・・・・196頁・定価1,870円
⑩ 常微分方程式
　内藤敏機著・・・・・・・・・・264頁・定価2,090円
⑪ 統計的推測
　松井 敬著・・・・・・・・・・218頁・定価1,870円
⑫ 平面代数曲線
　酒井文雄著・・・・・・・・・・216頁・定価1,870円
⑬ ラプラス変換
　國分雅敏著・・・・・・・・・・200頁・定価1,870円
⑭ ガロア理論
　木村俊一著・・・・・・・・・・214頁・定価1,870円
⑮ 素数と2次体の整数論
　青木 昇著・・・・・・・・・・250頁・定価2,090円
⑯ 群論, これはおもしろい トランプで学ぶ群
　飯高 茂著・・・・・・・・・・172頁・定価1,650円
⑰ 環論, これはおもしろい 素因数分解と循環小数への応用
　飯高 茂著・・・・・・・・・・190頁・定価1,650円
⑱ 体論, これはおもしろい 方程式と体の理論
　飯高 茂著・・・・・・・・・・152頁・定価1,650円
⑲ 射影幾何学の考え方
　西山 享著・・・・・・・・・・240頁・定価2,090円
⑳ 絵ときトポロジー 曲面のかたち
　前原 濶・桑田孝泰著・・・128頁・定価1,650円
㉑ 多変数関数論
　若林 功著・・・・・・・・・・184頁・定価2,090円
㉒ 円周率 歴史と数理
　中村 滋著・・・・・・・・・・240頁・定価1,870円
㉓ 連立方程式から学ぶ行列・行列式 意味と計算の完全理解
　岡部恒治・長谷川愛美・村田敏紀著・・・・・・232頁・定価2,090円
㉔ わかる！使える！楽しめる！ベクトル空間
　福間慶明著・・・・・・・・・・198頁・定価2,090円
㉕ 早わかりベクトル解析 3つの定理が織りなす華麗なる世界
　澤野嘉宏著・・・・・・・・・・208頁・定価1,870円
㉖ 確率微分方程式入門 数理ファイナンスへの応用
　石村直之著・・・・・・・・・・168頁・定価2,090円
㉗ コンパスと定規の幾何学 作図のたのしみ
　瀬山士郎著・・・・・・・・・・168頁・定価1,870円
㉘ 整数と平面格子の数学
　桑田孝泰・前原 濶著・・・140頁・定価1,870円
㉙ 早わかりルベーグ積分
　澤野嘉宏著・・・・・・・・・・216頁・定価2,090円
㉚ ウォーミングアップ微分幾何
　國分雅敏著・・・・・・・・・・168頁・定価2,090円
㉛ 情報理論のための数理論理学
　板井昌典著・・・・・・・・・・214頁・定価2,090円
㉜ 可換環論の勘どころ
　後藤四郎著・・・・・・・・・・238頁・定価2,090円
㉝ 複素数と複素数平面 幾何への応用
　桑田孝泰・前原 濶著・・・148頁・定価1,870円
㉞ グラフ理論とフレームワークの幾何
　前原 濶・桑田孝泰著・・・150頁・定価1,870円
㉟ 圏論入門
　前原和壽著・・・・・・・・・・・・・・・品 切
㊱ 正則関数
　新井仁之著・・・・・・・・・・196頁・定価2,090円
㊲ 有理型関数
　新井仁之著・・・・・・・・・・182頁・定価2,090円
㊳ 多変数の微積分
　酒井文雄著・・・・・・・・・・200頁・定価2,090円
㊴ 確率と統計 一から学ぶ数理統計学
　小林正弘・田畑耕治著・・224頁・定価2,090円
㊵ 次元解析入門
　矢崎成俊著・・・・・・・・・・250頁・定価2,090円
㊶ 結び目理論
　谷山公規著・・・・・・・・・・184頁・定価2,090円

（価格は変更される場合がございます）

www.kyoritsu-pub.co.jp　　**共立出版**　　【各巻：A5判・並製・税込価格】